BIM 软件系列教程

建设工程项目 VR 虚拟现实 高级实例教程

中 国 建 设 教 育 协 会 组织编写
深圳市斯维尔科技有限公司 编 著

中国建筑工业出版社

图书在版编目（CIP）数据

建设工程项目VR虚拟现实高级实例教程/深圳市斯维尔科技有限公司编著.—北京：中国建筑工业出版社，2012.5

（BIM软件系列教程）

ISBN 978-7-112-14150-0

Ⅰ.建…　Ⅱ.①深…　Ⅲ.①建筑工程-数字技术-教材　Ⅳ.①TU2

中国版本图书馆CIP数据核字（2012）第049025号

责任编辑：郑淮兵
责任设计：李志立
责任校对：肖　剑　陈晶晶

BIM软件系列教程

建设工程项目VR虚拟现实高级实例教程

中国建设教育协会　组织编写
深圳市斯维尔科技有限公司　编　著

*

中国建筑工业出版社出版、发行（北京西郊百万庄）
各地新华书店、建筑书店经销
北京千辰公司制版
北京建筑工业印刷厂印刷

*

开本：787×1092毫米　1/16　印张：5¾　字数：139千字
2012年6月第一版　2012年6月第一次印刷
定价：**25.00**元（含光盘）
ISBN 978-7-112-14150-0
（22163）

系列教程编审委员会

总　　序

BIM(Building Information Modeling)也即建筑信息模型，概念产生于二十世纪七十年代，当时的计算机技术还不发达，普及程度还非常低，应用于建筑业还很少。随着计算机技术的迅猛发展，BIM 技术在这几年已经由理论研究进入实际应用阶段，并且成为当前建设行业十分时髦和热门的词汇，在搜索引擎上搜索“BIM”这个词汇，有数以千万条的搜索结果，这从一个重要的方面反映了人们对这一技术的关注程度。

中国是世界上最大的发展中国家，在国家城镇化的发展过程中，伴随着大规模的城市建设，并且这种快速发展与建设的趋势将持续较长的时间。

信息技术对于支撑与服务建筑业的发展，具有十分重要的作用。BIM 技术是信息技术应用于建筑业实践的最为重要的技术之一，它的出现和应用将为建筑业的发展带来革命性的变化，BIM 技术的全面应用将大大提高建筑业的生产效率，提升建筑工程的集成化程度，使决策、设计、施工到运营等整个全生命周期的质量和效率显著提高、成本降低，给建筑业的发展带来巨大的效益。

这几年，国内关注 BIM 技术的人员越来越多，有不少企业认识到 BIM 对建筑业的巨大价值，开始投入 BIM 技术的研究、实践和推广。国内外一些著名软件厂商都在不遗余力地推出基于 BIM 技术应用的新产品，国际上的著名企业如 Autodesk、Bentley 等公司都将他们的 BIM 技术和产品方案引入中国，并展开了人员培养、技术和市场推广等工作。深圳市斯维尔科技有限公司是国内较早开展 BIM 技术研究，并按 BIM 思想建立其产品线的软件公司，是国内 BIM 技术的重要推动力量之一，其影响力已引起各方广泛关注。

我高兴地看到中国建设教育协会与深圳市斯维尔科技有限公司连续成功举办了三届“全国高等院校学生斯维尔杯 BIM 系列软件建筑信息模型大赛”，并在此基础上组织编写了该系列教程，其中包括十大分册，分别为《BIM 概论》、《建设项目 VR 虚拟现实高级实例教程》、《建筑设计软件高级实例教程》、《节能设计与日照分析软件高级实例教程》、《设备设计与负荷计算软件高级实例教程》、《三维算量软件高级实例教程》、《安装算量软件高级实例教程》、《清单计价软件高级实例教程》、《项目管理与投标工具箱软件高级实例教程》。该系列教程作为“全国高等院校学生斯维尔杯 BIM 系列软件建筑信息模型大赛”软件操作部分的重要参考指导教材，可以很好地帮助参赛师生理解 BIM 技术，掌握软件实际操作方法。教程配有学习版软件光盘及教学案例工程，读者可以边阅读，边练习体验，学练结合，有利于读者快速掌握 BIM 建模相关知识和软件操作方法。

该系列教程的出版，对高校开展 BIM 技术教学工作有重要意义。我国大学教育在立足专业基础知识教学的同时强调学生综合素质和实践能力的培养，高校教育改革要求进一步提高学生实践能力、就业能力、创新能力、创业能力。BIM 技术还是个快速发展中的新技术，实践性强，知识更新速度快，在高等院校开展 BIM 知识的教学对高校教师具有挑战性。BIM 教学所需要的教材编写、案例更新工作对高校教师而言是件相当耗时耗力的工作，很难在短时间内形成系统性的系列教材。该系列教程主要编写人员为长期从事 BIM 技术研究的行业专家、高校教师以及斯维尔公司 BIM 系列软件的研发、服务以及培训的专业人员。这样的组织形式既保障了教程的专业水平，又保障了教程内容和案例与软件更新相匹配。该系列教程图文并茂，案例详实，配有视频讲解资料，可作为高校老师的 BIM 技术教学用书，辅助开展 BIM 技术教学工作。

该系列教程的出版，对 BIM 技术在中国的传播有着重要的意义。目前在国内关于 BIM 技术的书籍还比较少。本系列教程系统化地介绍了 BIM 系列软件在设计、造价、施工等工作中的应用。本系列教程以行业从业人员日常工作使用的商品化专业软件作为依据，选择了一个常见实际工程作为案例，采用案例法讲解，引导读者通过一步步软件操作完成该项工程，实用性强。十本 BIM 软件系列教程之间既具有独立性，又具有相关性，读者可以根据自己需要选择阅读。

东北大学 丁烈云

2012 年 4 月

前　言

虚拟现实 VR（Virtual Reality）技术，通过计算机图形学对现实世界近似真实的三维表达，将传统的二维设计（施工）方案转化为直观的三维可视化图形模型。有助于建设单位、设计单位、施工单位以及运营单位在同一个平台上进行沟通，清晰表达建造理念，及时发现设计（施工）方案缺陷，减少资源浪费，从而达到建设工程项目在其全生命周期内，最大限度地降低项目风险、控制项目成本。

随着中国经济的快速发展，建设行业作为拉动内需的“龙头”更是得到了前所未有的飞速发展。当前，工程建设项目剧增，但由于资源不可再生、施工过程的不可逆性以及人们对建设项目美观、环境协调等方面的要求越来越高，因此大家越来越重视对设计（施工）方案审查阶段的评审决策。对于以平面图的方式展现设计方案的传统设计方法，由于其图纸量大、且不直观，难以及时发现设计缺陷和评判环境协调，而近似真实三维表达的 VR 仿真技术却能很好地解决这一问题。因此，在资源有限、精细化设计和施工要求越来越高的今天，应用 VR 技术验证设计（施工）方案是否合理可行，已越来越成为工程建设项目方案评审决策中不可缺少的环节。

本教程以 VR 实际项目为案例，详细介绍了利用 UC-win/Road 软件进行 VR 仿真项目制作的具体过程与技巧。本教程共分 6 章，对于初次接触 UC-win/Road 软件的读者，建议首先通读第 1 章至第 3 章、并对第 3 章案例进行重点练习，以便对利用 UC-win/Road 进行 VR 仿真项目制作的基本步骤或过程能够全面掌握；对于已经基本掌握 VR 仿真项目制作过程、并已掌握斯维尔建筑设计软件使用的读者，可继续对第 4 章内容进行练习；对于想进一步掌握 VR 仿真项目制作技巧的读者，可根据需要，选择第 5 章或第 6 章的案例进一步练习。

更多工程项目案例，敬请访问斯维尔门户网站（www. thsware. com）进行查阅；在本教程使用过程中，如有任何疑问或不明之处，可通过斯维尔服务邮箱（svc@ thsware. com）进行反馈，或直接致电“斯维尔 VR 工作室”（电话：0755-33300251）进行咨询。

目　　录

第1章 概　述

1.1 虚拟现实的概念

虚拟现实技术（Virtual Reality），是20世纪90年代兴起的一门崭新的综合信息技术，它融合了数字图像处理、计算机图形学、多媒体技术、传感技术等多个信息技术分支。它的兴起，为人机进行可视化操作与交互提供了一种全新的方式；为智能工程的应用提供了新的界面工具；为工程项目的复杂数据提供了新的处理和表现方法。

虚拟现实即通过计算机生成由计算机图形构成的虚拟三维空间，这种模拟的三维空间可以是现实世界中存在的任何事物或环境，也可以是实际上难以实现或根本无法实现的事物或环境。用户可以通过各种先进的硬件设备和软件工具，及时、交互式地观察和操纵生成的虚拟环境，能直观而又自然地在视觉、听觉、触觉上感知虚拟环境。这种技术的应用，最大程度上改变了人们对计算机数据操作的处理方法以及对工程项目数据处理、规划的方式。虚拟现实技术通过不断地探索研究，已在经济、军事、艺术等各领域广泛运用，并取得了巨大的经济效益。

1.2 虚拟现实的发展历史

1965年，Sutherland在《终端的显示》的论文中首次提出了包括具有交互式图形显示、力反馈设备以及声音提示的虚拟现实系统的基本思想，这是人类历史上虚拟现实技术的雏形，从此，人们正式踏上了对虚拟现实系统的研究探索的历程。

1966年，美国MTN的林肯实验室正式开始了头盔式显示器的研制工作。在这第一个HMD的样机完成不久，研制者又把能模拟力量和触觉的力反馈装置加入到这个系统中。1970年，第一个功能较齐全的HMD系统诞生了，在20世纪80年代初，美国的Jaron Lanier正式提出了“Virtual Reality”一词。

20世纪80年代，美国宇航局（NASA）及美国国防部组织了一系列有关虚拟现实技术的研究，并取得了令人瞩目的研究成果，从而引起了人们对虚拟现实技术的广泛关注。1984 年，NASA Ames 研究中心虚拟行星探测实验室的 M. McGreevy 和 J. Humphries 博士组织了用于火星探测的虚拟环境视觉显示器，成功地将火星探测器发回的数据输入计算机，为地面研究人员构造了火星表面的三维虚拟环境。在随后的虚拟交互环境工作站（VIEW）项目中，他们又开发了通用多传感个人仿真器和遥感设备。

进入 20 世纪 90 年代，迅速发展的计算机硬件技术与不断改进的计算机软件系统相匹配，使得基于大型数据集合的声音和图像的实时动画制作成为可能；人机交互系统的设计不断创新，实用的输入输出设备不断进入市场。而这些都为虚拟现实系统的发展打下了良好的基础。例如 1993 年的 11 月，宇航员利用虚拟现实系统成功完成了从航天飞机的运输舱内取出新的望远镜面板的工作，而用虚拟现实技术设计波音 777 获得成功，是今年来引起科技界瞩目的又一件事。随着虚拟现实技术日益成熟，经济、军事、设计、建筑、医疗等领域已越来越多地成功运用虚拟现实技术来遥控操作、教育培训、远程通讯等。计算机软硬件的飞速发展，为虚拟现实提供了良好的设备支持，从而使其在未来的发展中充满了广阔的前景。

1.3 虚拟现实技术的特征

虚拟现实系统具有四个特性：“沉浸性（Immersion）”、“交互性（Interaction）”、“构想性（Imagination）”、“多感知性（Multi-Sensory）”，这四个特性反映了虚拟现实系统的特点，即人与系统的充分交互，它强调了人在虚拟现实环境中的主导作用。

1.3.1 沉浸性（Immersion）

沉浸性又称临场感，指用户感到作为主角存在于模拟环境中的真实程度。理想的模拟环境应该使用户难以分辨出真假，在模拟的三维虚拟环境中如身临其境，听到的、摸到的、闻到的都感觉是真的，如同在现实世界中一样。

1.3.2 交互性（Interactivity）

指用户可在模拟的虚拟三维环境中自由地操纵物体，并能及时地得到虚拟环境的信息反馈。例如，用户能用手去触摸虚拟环境中的物体，而且能感受到手抓物体的感觉等。

1.3.3 构想性（Imagination）

强调虚拟现实技术应具有广阔的可想像空间，能充分拓宽人类的认知范围。不仅能真实再现现实世界中的事物和环境，而且还能构造真实世界中不存在的事物和空间。

1.3.4 多感知性（Multi-Sensory）

多感知即在虚拟现实技术中，用户不仅能在视觉上感受到虚拟三维环境，而且还能在听觉、力觉、触觉、味觉、嗅觉等感知模拟环境。理想的虚拟现实环境应该是真实世界环境的再现，应具有人的一切感知功能。但由于软、硬件技术的限制，目前虚拟现实技术所具有的感知功能仅限于视觉、听觉、力觉、触觉、运动等几种。

一般说来，一个完整的虚拟现实系统由虚拟环境、以高性能计算机为核心的虚拟环境处理器、以头盔显示器为核心的视觉系统、以语音识别、声音合成与声音定位为核心的听觉系统、以方位跟踪器、数据手套和数据衣为主体的身体方位姿态跟踪设备，以及味觉、嗅觉、触觉与力觉反馈系统等功能单元构成。

1.4 虚拟现实技术的应用领域

商业上，虚拟现实常被用于推销。建筑工程项目投标、城市规划、房地产销售等项目也都极大程度上运用了 VR 技术，VR 虚拟现实可通过三维仿真技术在这些项目规划完成前将其真实地展现出来，让客户能直观及时地了解到项目的施工过程、完成效果，而且虚拟现实技术基于三维的真实模拟，比以往任何图片文字或是动画宣传都要更形象、自由，更有魅力。

医疗上，虚拟现实应用大致上有两种，一是虚拟人体，即数字化人体，通过虚拟的人体模型，使医生更容易了解人体的构造和功能，而且便于形象方便地演示人体的结构。另外是虚拟手术系统，不仅能真实地反映手术过程，而且通过模拟系统能及时发现手术过程中可能遇到的困难，以及分析手术的成功率等。

军事上，利用虚拟现实技术模拟战争过程已成为最先进、快捷的研究战争，培训指挥员的方法。也正是由于其不断进步发展，达到了很高的水平，所以即使不进行核试验，也能不断地改进核武器。战争实验室在检验预定方案用于实战方面也能起到巨大作用。1991 年海湾战争开始前，美国将海湾地区的各种自然环境和伊拉克军队的各种数据输入计算机，进行各种作战方案模拟后才制定了作战方案，而后来实际战争的发展过程和计算机模拟的实验过程相当一致。

娱乐领域的应用是 VR 虚拟现实技术应用的最广的领域。英国出售的一种滑雪模拟器，使用者身穿滑雪服、脚踩滑雪板、手拄滑雪棍、戴着头盔显示器，手脚上都装着传感器。虽然使用者本人在室内，却能做出各种滑雪动作，通过头盔显示器，看到堆满皑皑白雪的高山、峡谷、悬崖峭壁，其情景就和在滑雪场里的感觉一样。随着 VR 技术的不断研究进步，相信在产品销售、推广这一领域里必将掀起产品 VR 改革的浪潮。

1.5 现有虚拟现实系统的关键技术

虚拟现实的关键技术可以包括以下几个方面。

1.5.1 动态环境建模技术

虚拟环境的建立是虚拟现实技术的核心内容。动态环境建模技术的目的是获取实际环境的三维数据，并根据应用的需要，利用获取的三维数据建立相应的虚拟环境模型。三维数据的获取可以采用CAD技术（有规则的环境），而更多的环境则需要采用非接触式的视觉建模技术，两者的有机结合可以有效地提供数据获取的效率。

1.5.2 实时三维图形生成技术

三维图形的生成技术已经较为成熟，其关键是如何实现“实时”。为了达到实时的目的，至少保证图形的刷新频率不低于15帧/秒，最好是高于30帧/秒。在不降低图形的质量和复杂度的前提下，如何提高刷新频率将是该技术的研究内容。

1.5.3 立体显示和传感技术

虚拟现实的交互能力依赖于立体显示和传感器技术的发展。现有的虚拟现实还远远不能满足系统的需要，例如，虚拟现实设备的跟踪精度和跟踪范围有待提高，因此有必要开发新的三维显示技术。

1.5.4 应用系统开发工具

虚拟现实应用的关键是寻找合适的场合和对象，即如何发挥想像力和创造力。选择适当的应用对象可以大幅度地提高生产效率、减轻劳动强度、提高产品开发质量。为了达到这一目的，必须研究虚拟现实的开发工具。例如，虚拟现实系统开发平台、分布式虚拟现实技术等。

1.5.5 系统集成技术

由于虚拟现实中包括大量的感知信息和模型，因此系统的集成技术起着至关重要的作用。集成技术包括信息的同步技术、模型的标定技术、数据转换技术、数据管理模型、识别和合成技术等。

第 2 章　VR 工具简介

目前，市场上支持虚拟现实（VR）技术应用的制作工具有很多。本书重点介绍一款在市政和城市建设领域具有独特优势的 VR 制作工具软件 UC-win/Road，下面对该软件相关功能及操作方法进行具体介绍。

2.1　UC-win/Road 的主画面说明

■ **初始画面 UC-win/Road 启动后，将显示打开如图 2-1 的主画面。**

——导入默认地形

——导入 Road 数据

——制作新建项目

——通过 RoadDB 下载 Sample 数据

——重新打开上一次打开的文件（最大记忆 4 个文件）

图 2-1

图 2-2

■ **主画面**

导入数据，打开如图 2-2 主画面。对各部分的名称和功能进行说明。

● 菜单栏

文件(F)　编辑(E)　显示(V)　视图(C)　选项(O)　工具(T)　帮助(H)

显示本程序的菜单。共分为［文件］、［编辑］、［显示］、［视图］、［选项］、［工具］、［帮助］7 个项目，分别选择各项目，将会显示出下拉菜单。详细请参考“2.3 下拉菜单”。

● 坐标系

Japan 第8座標系 China

显示当前编辑中的坐标系。任意坐标系的情况下显示为［第0坐标系］。

● 工具栏

（1）［项目］工具栏

［项目］工具栏中包含［文件］菜单中对应的［新建］［打开］［保存］等按钮。

（2）［导入］工具栏

［导入］工具栏中包含［文件］菜单中对应的［导入地形补丁］［导入街区图］［导入3D模型］［导入MD3人物］［导入3D树木］的按钮。

（3）［编辑］工具栏

［编辑］工具栏中包含［编辑］菜单中对应的［草图模式］、［编辑道路］、［编辑道路断面］、［配置道路附属物］、［编辑交通流］、［编辑/运行脚本］、［配置模型］等按钮。

（4）［移动］工具栏

［移动］工具栏中包含［视图］菜单中对应的［旋转］、［前后移动］、［上下左右］、［飞行］、［以模型为中心旋转］、［移动卫星］、［步行］、［行驶］、［驾驶］、［路径飞行］、［暂停］的按钮。

（5）［选项］工具栏

Now ［选项］工具栏中包含［选项］菜单中对应的［描绘选项］、［生成交通］、［开始/停止生成交通］、［生成交通的复位］、［显示环境、特性］、［2D视图］的按钮，以及［显示景观］列表。［显示景观］列表中可以选择［现在］、［设计前］、［设计后］的景观模式。

（6）［帮助］工具栏

［帮助］工具栏中包含［帮助］菜单中对应的［帮助］、［版本信息］等按钮。

（7）［车头灯］工具栏

［车头灯］工具栏中包含［车头灯设置］、［街灯设置］按钮。

● 描绘领域

显示当前编辑中的景观。此外，通过变更［描绘选项］画面的设置，实时在该领域中反映。

● 状态栏

通过数值的形式显示编辑中，或模拟中的状况。

（1）通常

17.3 fps | 36° 17′ 28.7″ N, 137° 55′ 40.5″ E - (32473.4, -51410.8)

每秒帧率（fps）、视点位置的经纬度坐标/世界测地系坐标 。

（2）行驶模拟

0.04 / 1.91 km地点　　道路"Road 1"+ 車線 1 速度 50 km/h 高さ 1.00 m

道路上的位置、行驶道路/行驶车线/速度/视点高度。

（3）飞行模拟

0.91 / 1.95 km地点　　3D Flightpath 1 Speed 250 km/h

飞行路径上的位置、飞行路径、速度 。

2.2 下拉菜单

■［文件］菜单

包含与文件操作相关的各种命令。此外还有对应［项目］、［导入］工具栏的按钮，具体见表 2-1。

文件菜单操作功能列表　　表 2-1

命令	按钮	说明
新建		［初始地形］：使用事前定义的地形，导入新建项目。自动应用应用程序的默认画面。※工具栏的［新建］按钮的使用对应此辅助菜单。［日本］：显示［导入地形数据］的画面，在日本指定的位置生成应用地形。［新西兰］：显示［导入地形数据］的画面，在新西兰指定的位置生成应用地形。［其他国家］：显示导入日本、新西兰以外国家的地形数据的画面，指定位置生成地形。［自定义］：显示新建项目地形的编辑画面，新建制作日本、新西兰以外位置的项目文件
打开		导入以下的数据文件：＊. rd（未压缩的 UC-win/Road 数据文件）和 ＊. rd（已压缩的 UC-win/Road 数据文件）
下载		当连接到互联网时，从 RoadDB 选择 Sample 数据并下载
重新打开	—	从最近打开过的文件履历（最大 4 个）中选择并导入
添加合并	—	当前编辑中的数据与其他数据结合。将分别制作的多个数据文件合并成一个文件时使用。※添加合并的使用仅限于对象数据与当前编辑中的数据属于同一区划和大小
保存		将编辑中的数据保存到文件。使用中的材质信息也被一并保存。※保存文件的格式：＊. rd（※无法保存为压缩格式）
另存为	—	将编辑中的数据另存为。使用中的材质信息也被一并保存。※保存文件的格式：＊. rd
导入地形补丁		对编辑中的地形导入 XML 格式的地形数据
导入街区图		在编辑中的地形上粘贴街区图。在日本可利用"数值地图 2500m（空间数据基盘）"的地图信息、卫星图片数据等
导入 3D 模型		导入、登记 3D 模型。登录的 3D 模型可通过指令作为可动模型、道路/飞行路径上的移动体进行设置

续表

命令	按　钮	说　　明
导入 MD3 人物		导入、登记 MD3 人物。登录的 MD3 人物作为飞行路径上的移动体可进行设置
导入 3D 树木		导入、登记和编辑 3D 树木
打印景观	—	打印主画面中当前所显示的景观
输出位图	—	［文件］：以 BMP 格式输出主画面显示的景观。※保存的位图大小与主画面的显示领域相同。［剪贴板］：暂时保存到剪贴板
结束	—	关闭 UC-win/Road。当有正在编辑的数据时，会弹出是否保存当前数据的“确认”对话框

● 导入数据文件

当数据中所使用材质的总内存超过 1GB 时，自动对材质进行大小调整以减轻内存的消耗。材质大小的调整按照以下顺序进行。调整大小的状态以“Level #”表示。

（1）街区图及卫星图片

（2）地形补丁及地形网格

（3）树木及 3D 树木

（4）3D 模型

（5）云、背景、座舱、旗帜、道路标识、湖泊

（6）道路

（7）平面交叉

● 导入地形补丁数据

地形补丁数据是，当遇到比地形网格（50m 精度三角）的精度更详细的地形数据时使用。

■［编辑］菜单（见表 2-2）

编辑菜单操作功能列表　　表 2-2

命　令	按　钮	说　　明
草图模式		草图模式和普通模式间的切换。 ※草图模式选项画面中，指定草图模式时，不需要实行的对象动作和道路名
编辑道路		在地形上定义道路/飞行路径/河流/背景/湖泊/断面显示位置
编辑道路断面		定义道路横断面
配置道路附属物		沿道路两侧，配置标识/3D 模型/树木，此外，还可在车道上配置标线

续表

命　令	按　　钮	说　　　　明
编辑交通连接	—	编辑道路网络的交通连接
编辑交通流		对已建道路设置交通量、初始速度、车型分布等
编辑车辆组	—	以车辆分组的形式控制交通流模拟，登记动作分布属性的组合
编辑/运行脚本		按照时间排列，设置/实行希望自动运行的动作内容。此外，登录其脚本中使用的文本信息
编辑场景	—	制作、编辑场景
编辑景况	—	设置、编辑景况。此外，可对模拟面板中景况选择按钮的显示/隐藏进行编辑
配置模型		对地形材质进行任意变更，配置树木 /3D 树木 /3D 模型/旗帜 /火烟/小段端部的模型
记录飞行路径	—	在主画面上，通过使用空格键定义飞行路径
高度照明	—	［编辑车头灯］：设置车头灯选项。［编辑街灯 ］：进行街灯的设置编辑和配置
编辑障碍物	—	编辑已经配置好的道路障碍物
修改障碍物	—	由于报错对被配置保留的道路障碍物进行修改

■［显示］菜单（见表2-3）

显示菜单操作功能列表　　　　表2-3

命　令	按　　钮	说　　　　明
打开/关闭所有视窗	—	同时显示或隐藏主画面的所有视镜
右视图	—	主画面作为正面，相对当前的画面显示右侧的视图
左视图	—	主画面作为正面，相对当前的画面显示左侧的视图
后视图	—	主画面作为正面，相对当前的画面显示后侧的视图
添加保存景观位置	—	显示所保存的景观位置视图。复数个画面景观也可分不同窗口同时显示
隐藏保存景观位置	—	显示/隐藏所保存的景观视图
2D 视图	2D	“2D 视图”画面显示和隐藏的切换
3D 立体	—	对编辑中的主画面进行 3D 立体显示设置
3D 显示大小	—	对编辑中的主画面变更显示大小
全屏显示	—	隐藏标题、菜单、工具栏、状态栏，使其处于不显示状态，将景观的描绘领域最大化显示
隐藏边框	—	保持窗口大小的同时，隐藏标题、菜单、工具栏和状态栏。通常的画面拖拽功能即可对画面大小进行变更
模拟面板	—	进行模拟面板的显示/隐藏。 ※与［全屏显示］、［隐藏边框］功能同时使用效果更好

■［视图］菜单

［视图］菜单中包含了视图及移动相关的各种命令，具体见表2-4。此外，各工具按钮位于［移动］工具栏中。

视图菜单操作功能列表 **表2-4**

命　令	按　钮	说　明
保存景观位置	—	主画面所显示的场景作为景观位置进行保存。 ※保存数量无限制
编辑景观位置	—	编辑所保存的景观位置的名称、一览顺序、数字快捷键的分配
显示景观位置	—	从保存的景观位置中，移动到选中的景观位置。 ※分配有数字快捷键的景观位置，可通过数字键移动
旋转		按住鼠标能进行上下、左右的拖动，从而改变视线上下、左右的方向
前后移动		按住鼠标通过鼠标的上、下拖动，改变视点的前、后位置
上下左右		通过鼠标上下、左右的拖动，改变视点上下、左右的位置
飞行		通过鼠标上下、左右的拖动，改变视点向前移动，同时改变上下、左右的方向
以模型为中心旋转		选择模型后，通过鼠标移动，可以选择模型为中心移动视点
卫星移动		通过拖动鼠标上下、左右的移动，改变视点的高度
步行		通过在道路上步行进行景观确认。若没有定义道路，该功能不能使用
行驶		通过道路上汽车的驾驶，进行景观确认。若没有定义道路，该功能不能使用
驾驶		使用驾驶模拟器或游戏控制器，乘入行驶车辆内进行手动驾驶模拟。可在连续道路上自由行驶
飞行		沿着设置好的路径进行飞行模拟
暂停		暂停走行、飞行状态，再次点击该按钮时，重新启动走行，飞行
移动到Tracks节点	—	导入Tracks数据时，移动到指定的节点

■［选项］菜单

［选项］菜单中包含选项相关的命令。此外，各工具按钮位于［移动］

工具栏中，见表2-5。

选项菜单操作功能列表　　表2-5

命　　令	按　钮	说　　　　明
驾驶模拟器选项	—	进行驾驶模拟器相关的设置。※插件无效时不可选择
Tracks 选项	—	设置 Tracks 用道路网的名称。 当安装有 Tracks Plugin（单卖插件）时，该选项有效
aaSIDRA 选项	—	进行 aaSIDRA 相关的设置。※插件无效时不可选择
InRoads 选项	—	进行 InRoads 相关的设置。※插件无效时不可选择
Civil 3D 插件选项	—	进行 Civil 3D 相关的设置。※插件无效时不可选择
POV - Ray 选项	—	进行 POV - Ray 光线追踪渲染文件的制作相关的设置。 ※插件无效时不可选择
LandXML 选项	—	进行 LandXML 文件的导入和输出相关的设置。 ※插件无效时不可选择
AVI 选项	—	进行 AVI 文件输出相关的设置。 ※插件无效时不可选择
描绘选项		进行主画面的显示相关的设置
显示景观	现在 现在 设计前 设计后	切换景观显示模式
交通生成		生成行驶车辆、飞行体及交通流。 ［开始/停止交通生成］：交通生成的开始/停止。 ［高速生成交通流］：高速生成交通流。 ［生成交通的复位］：对当前的交通进行归零复位
显示环境、特性		天气、风、道路、背景、湖泊的流动、飞行路径上设置的移动体等，进行环境相关的显示
阴影再计算	—	基于“描绘选项”界面“阴影”标签的设置，重新计算建筑物等的阴影并模拟。 ※“描绘选项”界面“显示画面”标签中选中“影子”选项，当“阴影”标签下的“保持更新阴影”未被选中时，该项目被激活
显示景观模型	—	对各景观模式设置希望显示的道路附属物、配置模型
设置颜色	—	设置没有粘贴材质的部分颜色。在“设置颜色”界面设置显示颜色
设置插件	—	添加和删除插件，设置加密锁的类型
应用程序选项	—	［工具栏］：各工具栏的显示/隐藏。 ［地域设置］：登记、编辑地域设置。 ［默认选项］：显示语言等进行本程序基本运行相关的设置。 ［游戏控制选项］：设置游戏控制器。※仅当 UC-win/Road 启动前连接了游戏控制器时有效
项目选项	—	对显示著作权、地域设置、平面交叉口的大小进行设置

■［工具］菜单（见表 2-6）

工具菜单操作功能列表 **表 2-6**

命　令	按钮	说　　明
导入 Tracks 计算结果	—	当搭载插件时，导入 Tracks 输出的计算结果（＊.xml）
设置 Tracks 的车流种类	—	当搭载插件时，编辑 Tracks 的车流种类
应用 Tracks 数据	—	当搭载插件时，选择应用导入的 Tracks 数据
导入 aaSIDRA	—	当搭载插件时，导入 aaSIDRA 数据
OSCADY PRO 数据连接	—	当搭载插件时，与 OSCADY PRO 的数据实行连接
导入 InRoads	—	当搭载插件时，导入 InRoads 数据
输出 InRoads	—	当搭载插件时，作为 InRoads 数据输出
EXODUS 连接	—	当搭载插件时，进行 EXODUS 的连接设置
Civil 3D 数据转换	—	当搭载插件时，打开 Civil 3D 数据转换界面
输出 POV－Ray	—	基于"POV-Ray 选项"的设置，输出用于 POV-Ray 光线追踪渲染用的文件
微观模拟播放器	—	对微观模拟进行编辑和播放
微观模拟记录器	—	记录微观模拟的过程
导入 LandXML	—	当搭载插件时，导入 LandXML 数据
输出 LandXML	—	当搭载插件时，现在的数据作为 LandXML（扩展名：xml）输出
开始/结束 AVI 录像	—	开始/停止 AVI 文件的录制
导入 Xpswmm 数据	—	当搭载插件时，导入 xpswmm 数据
分割街区图…	—	将用于街区图的图像分割成任意数量
导入 Shapefile	—	当搭载插件时，导入 Shapefile 数据
输出 GIS View 数据	—	当搭载插件时，向 GIS View 输出数据
导入 GIS View 数据	—	当搭载插件时，导入 GIS View 的数据
显示内存	—	显示并确认 UC-win/Road 对内存的使用情况

■［帮助］菜单

［帮助］菜单的命令概要见表 2-7。

帮助菜单操作功能列表 **表 2-7**

命　令	按　钮	说　　明
帮助	?	显示帮助的目录、索引，关键字检索，文本检索
FORUM 8 主页	—	启动 Web 浏览器，显示 FORUM8 主页
利用互联网询问	→	向 FORUM 8 产品开发部门发送邮件，需要连接到互联网环境和另行安装"咨询支援工具"
版本信息	—	显示 UC-win/Road 的版本信息、使用 Plugin、DLL、Open GL 的信息

2.3 弹出菜单

在描绘领域上点击右键，根据状态不同，会显示出如下所示的弹出菜单。菜单项目随其点击时刻，所选择的对象，以及画面上的部位而有所变化。表 2-8 描绘领域右击时的弹出菜单。

弹出菜单功能列表　　表 2-8

弹　出　菜　单	动　　作
编辑地形…	打开［编辑地形］画面
选择地形上的选择对象	批量选择地形上按组配置的模型
生成森林…	打开［编辑森林］画面
删除选择对象 删除全部对象 删除 3D 模型 删除树木 删除旗帜 删除 3D 树木	批量删除按组配置的模型。 作为删除选项，可以选择一次性全部删除，或按区别类型删除
复制对象	点击地形上的指定位置复制批量选中的 3D 模型
地形选择解除	解除地形的批量选择
编辑交叉路口	打开［编辑平面交叉点］。仅限［行驶路径］、［停止位置］及［排队长度］标签的编辑
用 3DS 模型替换交叉路口	打开［交叉口替换］画面
模型间距离	测定当前配置中的 2 个模型间的距离
保存景观位置	当前主画面中显示的场景作为景观位置进行保存
编辑景观位置	打开［保存景观一览］画面
显示景观位置	从保存的景观中选择视点移动到目标景观位置
隐藏景观位置	进行追加保存景观显示的隐藏/显示
全屏	全屏显示画面的描绘领域
隐藏边框	维持窗口大小，隐藏标题、菜单、工具栏和状态栏的显示。 画面尺寸大小可通过鼠标的拖拉手动进行调整
模拟面板	进行模拟控制面板的显示/隐藏
开始 AVI 录像	开始/停止 AVI 文件的制作
创建地形补丁	选中 50m 网格时，打开［编辑补丁大小］画面
编辑地形补丁	选中地形补丁数据时，打开［编辑地形补丁数据］画面
删除地形补丁	删除选中的地形补丁数据

■ 其他界面的弹出菜单

从主画面开始，在各画面根据鼠标右键点击的位置不同，弹出菜单也会相应变换。

例：（图 2-3、图 2-4）

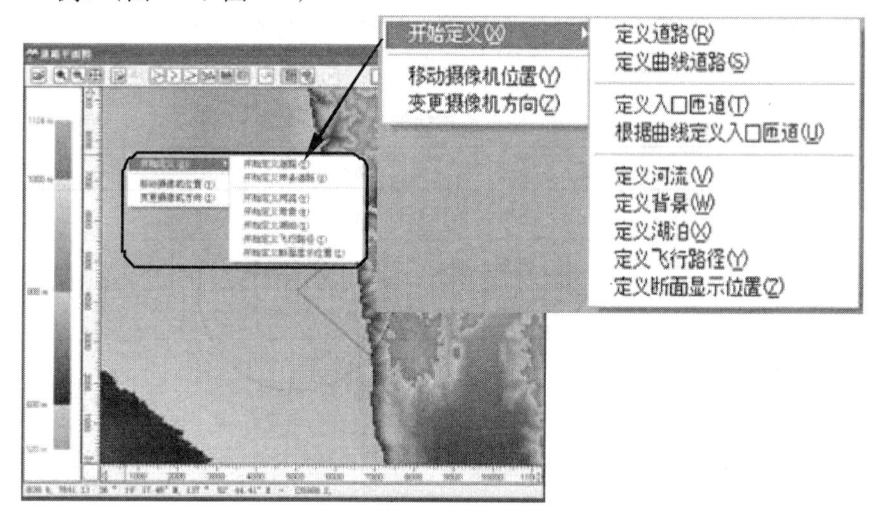

图 2-3

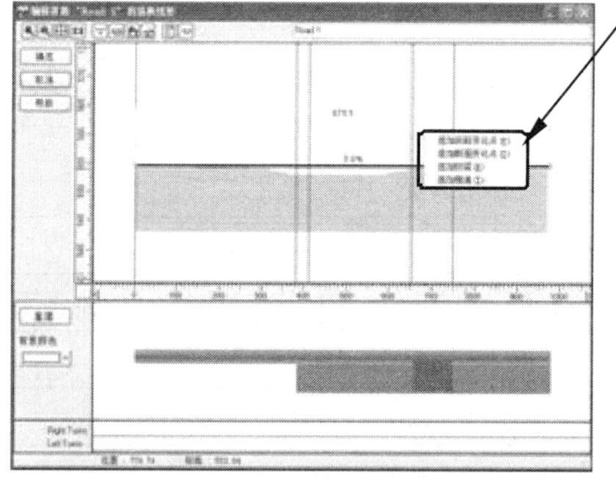

图 2-4

■ 帮助

各画面中均备有帮助。

帮助 除菜单项目的说明外，还记载有每个输入项目的说明。

2.4 UC-win/Road 使用流程

■ 流程图

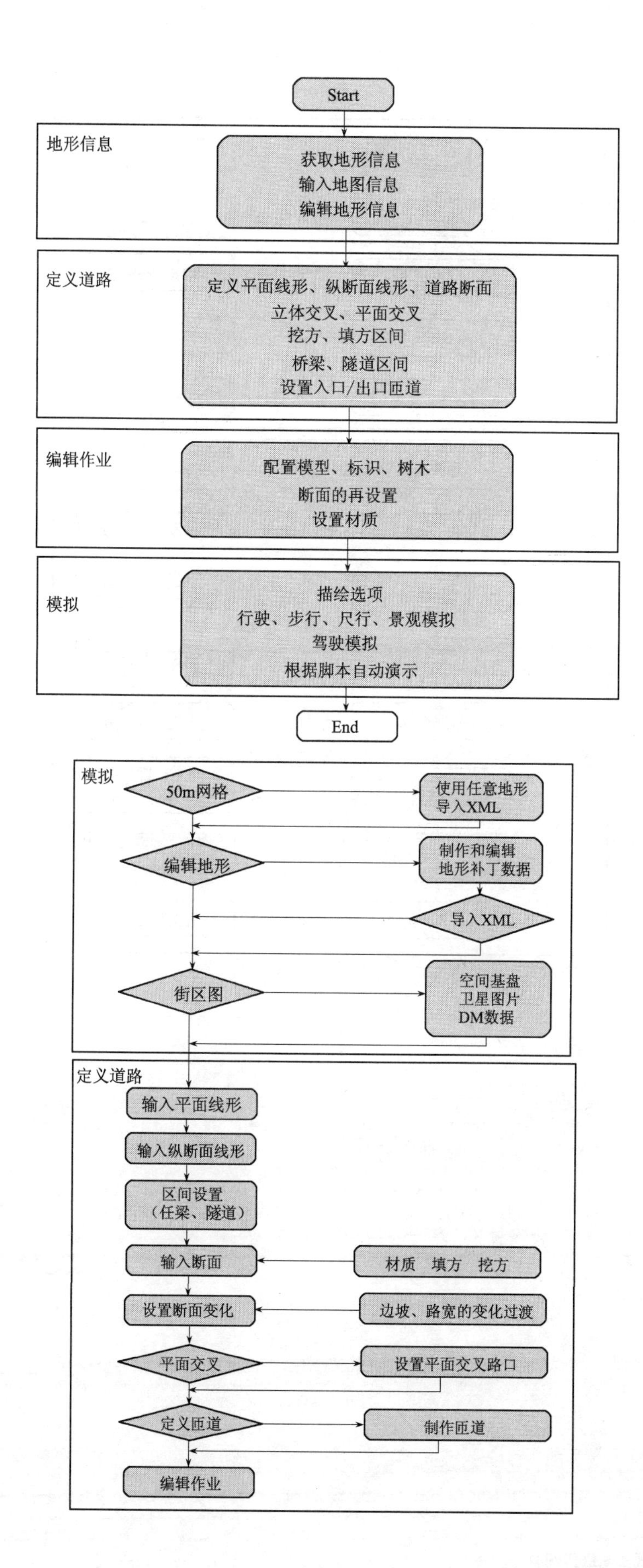
Start
地形信息
获取地形信息
输入地图信息
编辑地形信息
定义道路
定义平面线形、纵断面线形、道路断面
立体交叉、平面交叉
挖方、填方区间
桥梁、隧道区间
设置入口/出口匝道
编辑作业
配置模型、标识、树木
断面的再设置
设置材质
模拟
描绘选项
行驶、步行、尺行、景观模拟
驾驶模拟
根据脚本自动演示
End
模拟
50m网格
使用任意地形
导入XML
编辑地形
制作和编辑
地形补丁数据
导入XML
街区图
空间基盘
卫星图片
DM数据
定义道路
输入平面线形
输入纵断面线形
区间设置
（任梁、隧道）
输入断面
材质 填方 挖方
设置断面变化
边坡、路宽的变化过渡
平面交叉
设置平面交叉路口
定义匝道
制作匝道
编辑作业

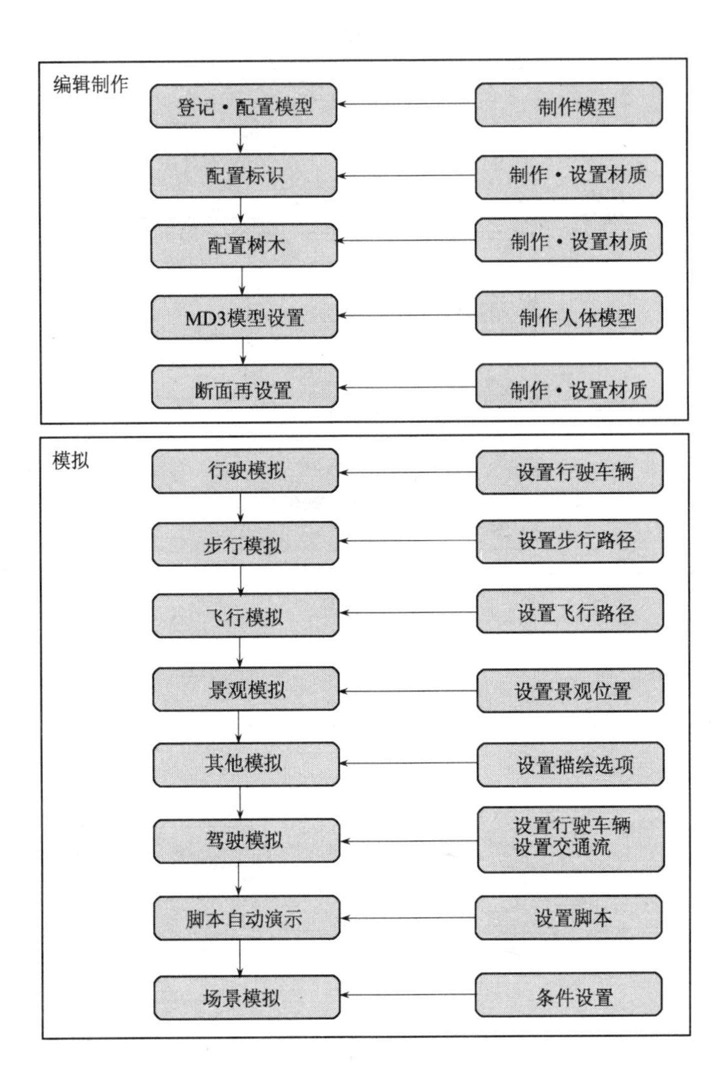
编辑制作
登记·配置模型
制作模型
配置标识
制作·设置材质
配置树木
制作·设置材质
MD3模型设置
制作人体模型
断面再设置
制作·设置材质
模拟
行驶模拟
设置行驶车辆
步行模拟
设置步行路径
飞行模拟
设置飞行路径
景观模拟
设置景观位置
其他模拟
设置描绘选项
驾驶模拟
设置行驶车辆
设置交通流
脚本自动演示
设置脚本
场景模拟
条件设置

第 3 章　基础实例教程——城市仿真

3.1　启动 UC-win/Road 及初始设置

启动 UC-win/Road。首次启动时的画面如图 3-1，根据应用程序选项中的默认选项设置不同，会有所不同。

图 3-1

3.2　区域选定

鼠标左键单击文件 - > 新建 - > 自定义项目，弹出［新建项目地形编辑］窗口如图 3-2，此处可输入经度、纬度、地形区域的大小及设定时区。当鼠标点击世界地图时，经度、纬度和时区也将发生联动，默认海拔高度为 0m。

※ 注意此处需将默认地形高度设成 30m。点击『确认』，创建新建项目地形如图 3-3。

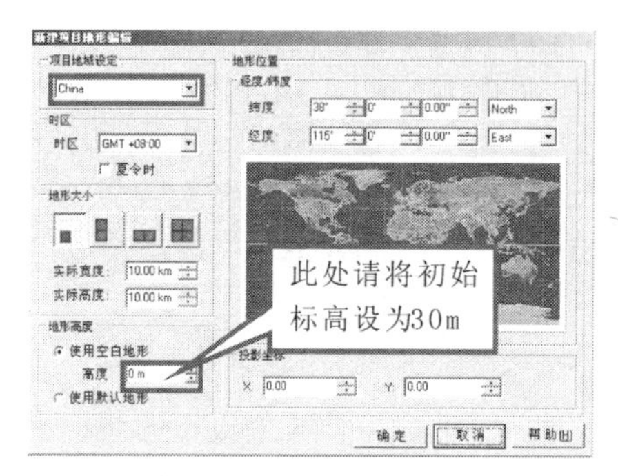

图 3-2

图 3-3

3.3 粘贴航空图片

■ 航空图片粘贴

在新创建的地形上粘贴航空图片。直接粘贴航空图片时，需要将准备好的航空图片事先拷贝保存在下述指定文件夹中 C：\ UCwinRoad Data \ Textures \ Terrain \ Satellite（该文件详细见附书光盘）这里，我们介绍另外一种方法，利用插件的『工具 - > 分割街区图』功能，如图 3-4 所示，选择需要进行分割的图片 Satellite. bmp（1. 5km × 1. 5km）。出现图 3 - 5 的窗口，分割设置中输入行：3，列：3，图片格式选择 JPG 图片，显示分割完成后，点击『关闭』，此时文件已被切割成 500m × 500m 的 9 张图片，并自动保存在默认的指定路径文件夹下。

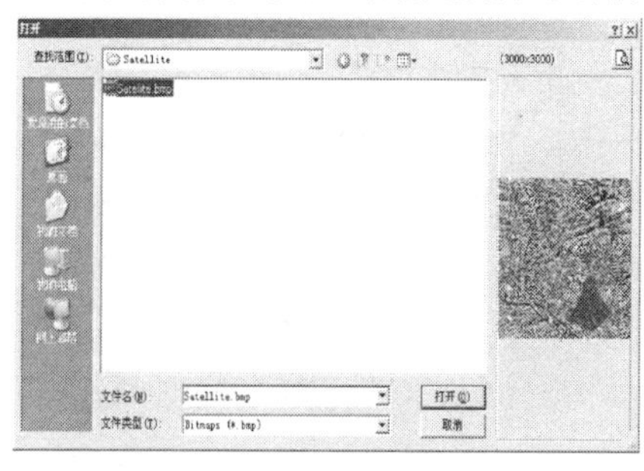

图 3-4

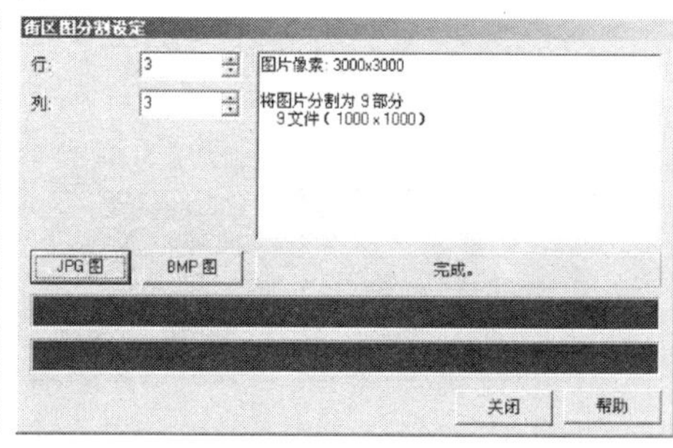

图 3-5

文件 - > 导入街区图如图 3-6，或点击▦，弹出界面的左上角下拉菜单中选择『查找卫星图片』。点击▦，弹出『设置卫星图片网格』，如图 3-7 所示输入坐标值，点击确定。注意，此处坐标系默认选择 Local：即 UC-win/Road 本地相对坐标系。X：5878. 10；Y：6701. 50。

鼠标左键框选放大后如图 3-8，按照从左至右，从上至下的顺序，依次选择被分割好的航空图片进行粘贴如图 3-9。

※如果想删除框格内的航空图片，点击［删除］，如图 3-10 所示，选择要删除的图片框格。返回之前的粘贴模式时，再次点击［删除］图标，即可解除退出删除模式。完成后，选中右上角画面质量的复选框，确认“标准分辨率”。点击确定返回。

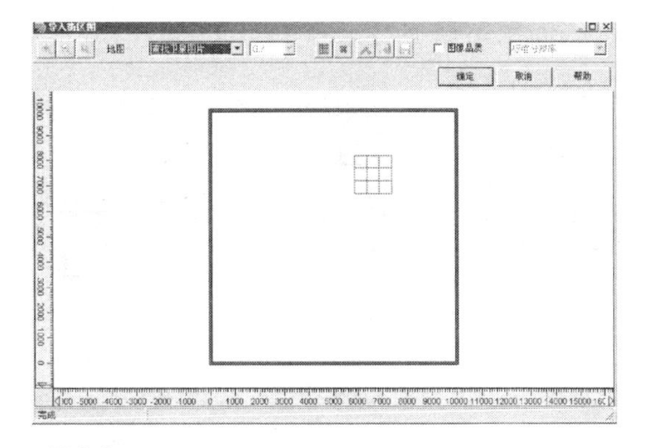

图 3-6

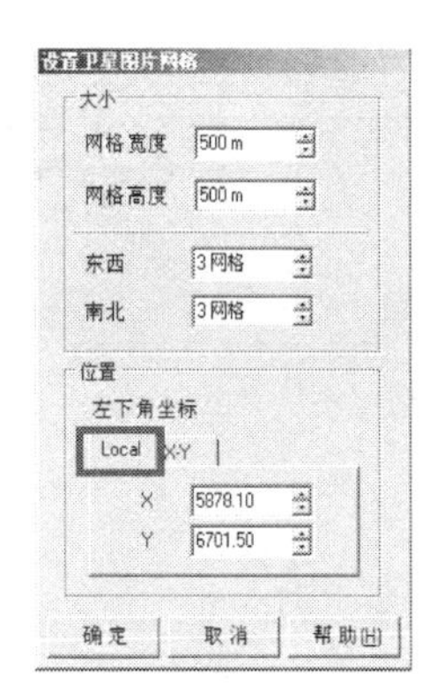

图 3-7

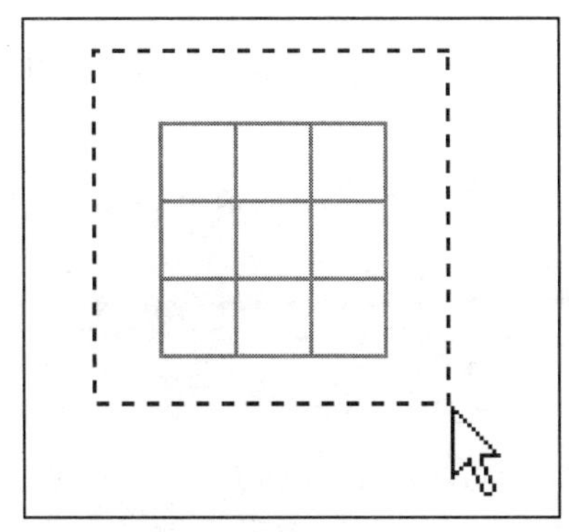

图 3-8

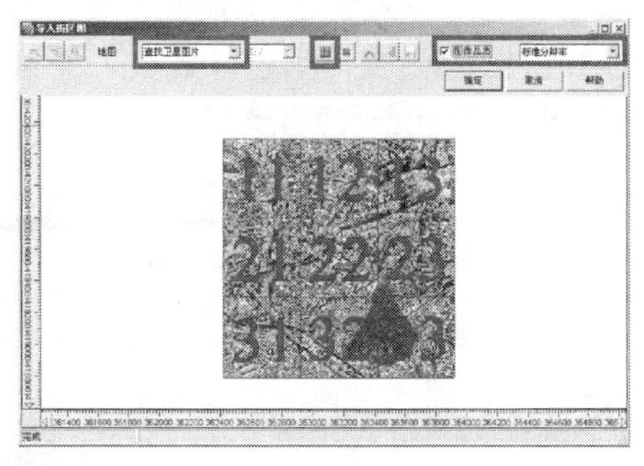

图 3-9

图 3-10

■ 航空图片确认和地形材质

为了确认航空图片的粘贴情况，点击▦进入“道路平面图”，如图 3-11。鼠标移至航空图片附近单击右键，弹出菜单中选择『移动照相机位置』（或直接双击鼠标左键），黑线表示三维空间中的视线已经移到当前位置，点击『确定』，返回主画面确认如图 3-12。

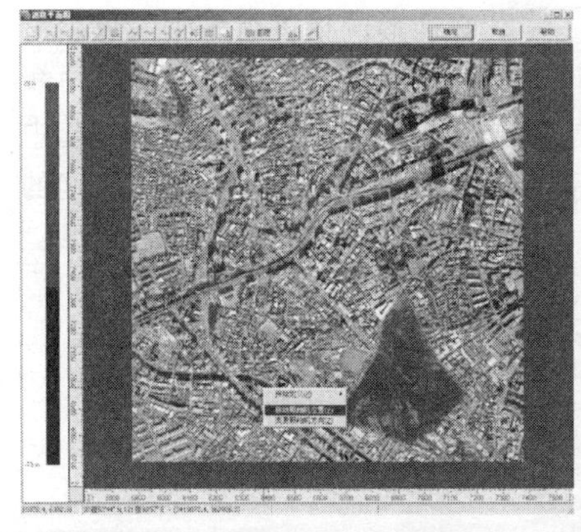

图 3-11

图 3-12

点击描绘选项▨，选择地形选项卡，设置周边区域的地形材质和颜色如图 3-13 所示。

注意：此处可对不同高度任意追加不同效果的地形材质。将 1m 高程处的地形材质替换为“city001”，如图 3-14 所示。

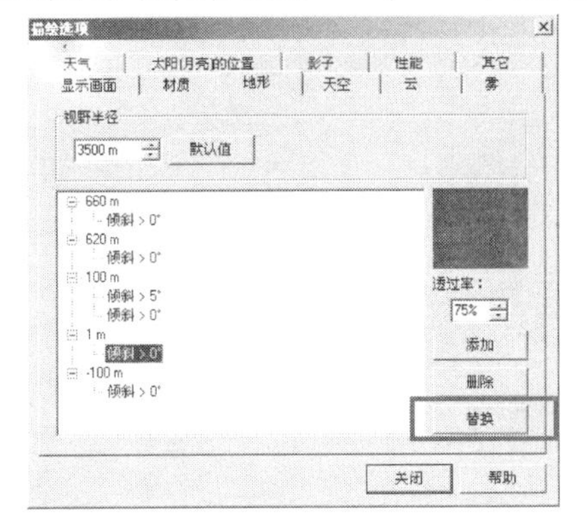

图 3-13

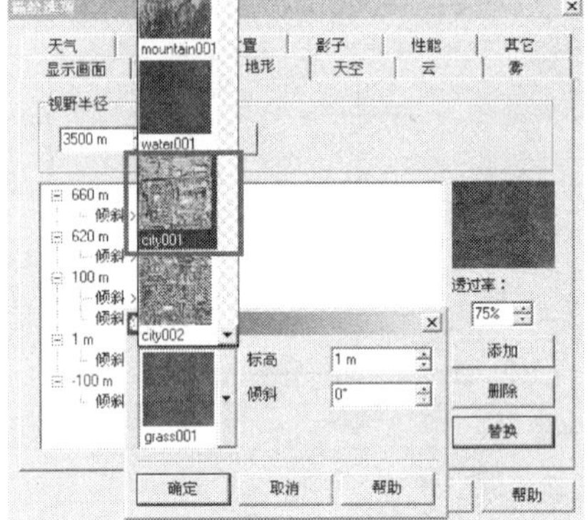

图 3-14

点击选项→设置颜色，给航空图片的边框设置颜色。如图 3-15 完成周边地形和边框的材质、颜色设置后，预览后如图 3-16。

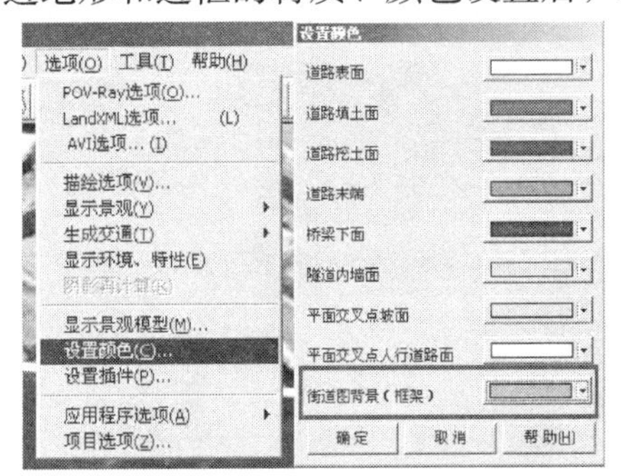

图 3-15

图 3-16

3.4 地形编辑

■ **地形构成（50m 网格）**

移动到航空图片中绿色山丘附近，对 50m 地形网格进行编辑。单击鼠标即选中该块地形如图 3-17。按住 shift，再点击对角位置，可选中对角线范围内的全部地形。选择完地形范围后，单击右键『编辑地形』。选中『相对移动』输入 20m，如图 3-18 所示，被选中区域的高程在当前高度的基础上整体向上拔高 20m，如图 3-19。

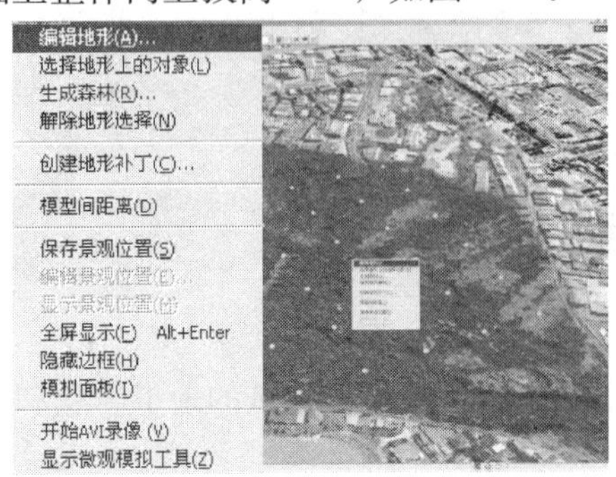

图 3-17

图 3-18

图 3-19

注：按空格键，可解除当前选中的地形。

在第一次相对拔高的地形中再次选择一部分地形，鼠标右键『编辑地形』，这次选择『绝对移动』，输入 70m，可确认被选中区域的高程变为 70m，如图 3-20。这里只体验地形编辑的部分功能，随后我们会导入预先准备好的地形补丁文件。

图 3-20

■ **制作地形补丁数据**

在 90m 网格精度的基础上，要进一步进行详细地形编辑的时候，需制作或导入地形补丁数据。

这里我们首先简要介绍一下地形补丁数据的制作方法。

制作地形补丁时，先在范围中心附近单击左键任意选择地形，而后点右键弹出菜单中选择『创建地形补丁』，如图 3-21。『编辑补丁大小』画面中设置补丁的范围如图 3-22。

点击确认后进入『编辑地形补丁数据』画面，如图 3-23。『添加标高点』，可在任意位置追加标高点，并支持鼠标拖拽移动。『删除数据』，则用于删除整个地形补丁，如图 3-24。

这里只体验地形编辑的部分功能，请导入预先准备好的地形补丁文件。

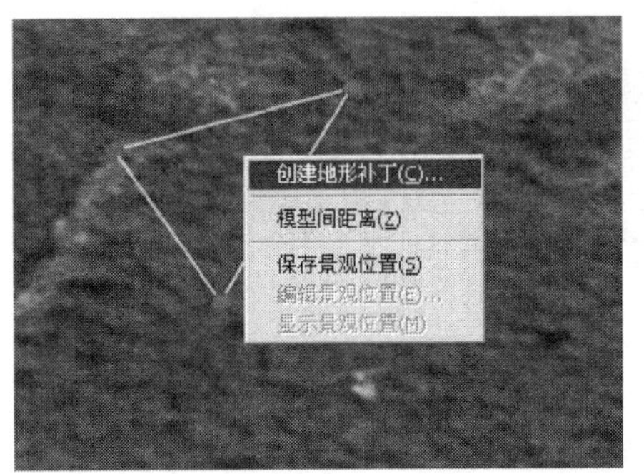

图 3-21

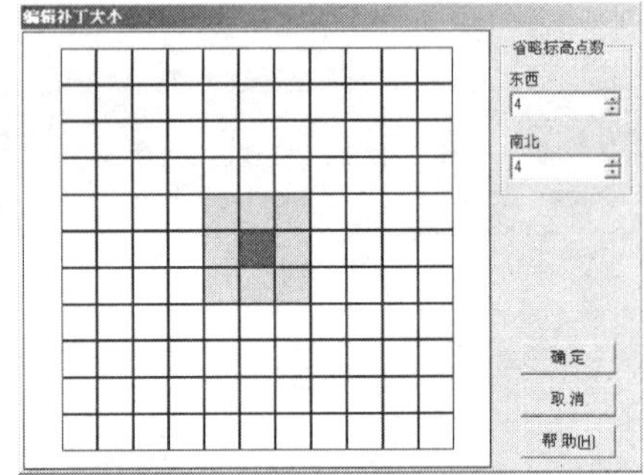

图 3-22

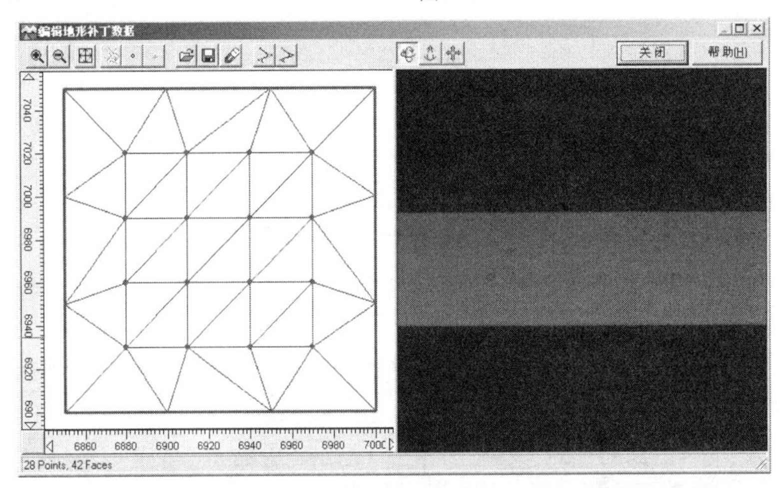

图 3-23

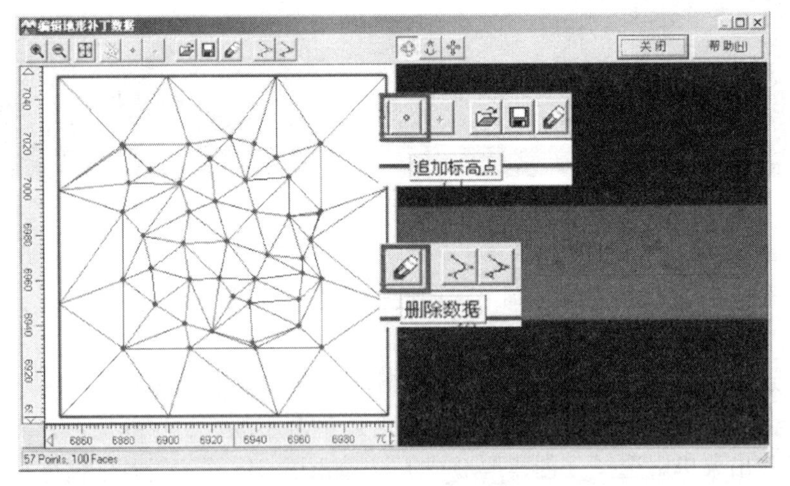

图 3-24

■ 导入地形补丁数据

点击『文件－＞导入地形补丁』，选择预先准备好的地形补丁文件 TerrainPatch，如图 3-25。

勾选『合成默认地形』，点击『3 角形化』。如果补丁范围内有空白区域，则会自动按 90m 网格的精度填补，如图 3-26。绝大部分情况下都选择

『忽视最近的数据』，所以此处可以不必理会『忽视正方形数据』的选项，成功后得到如图 3-27 界面。

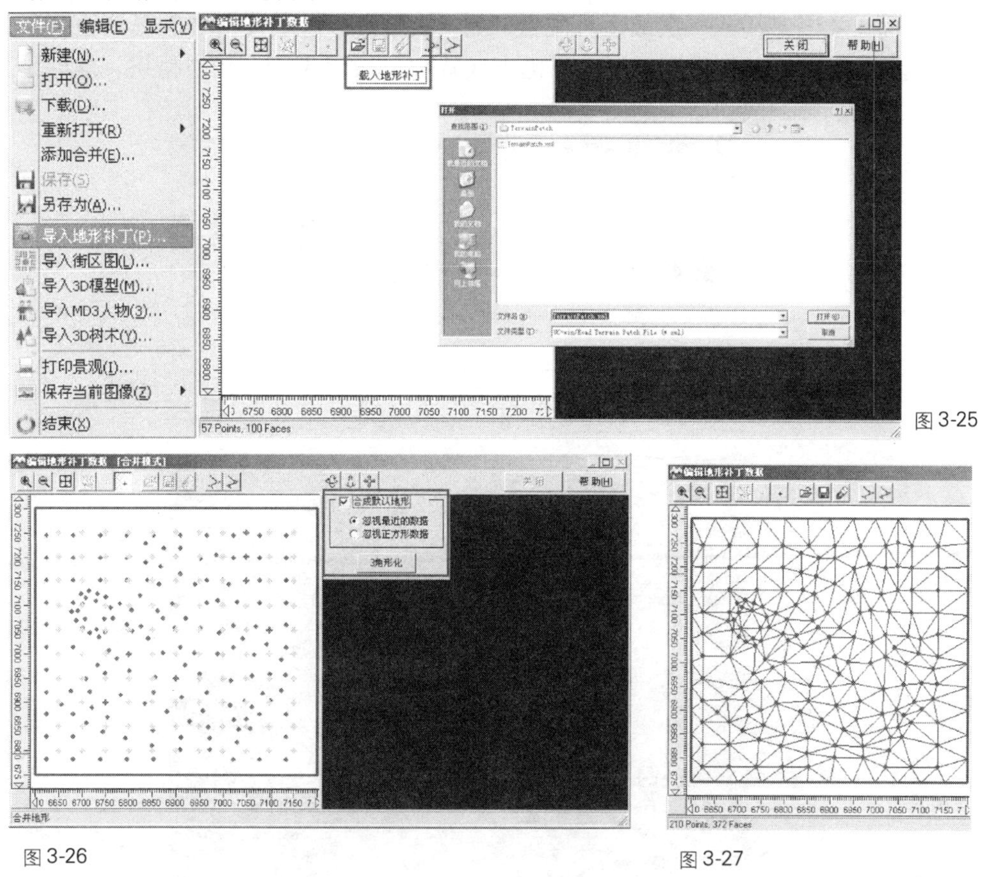

图 3-25

图 3-26

图 3-27

3.5 生成森林

生成森林前，必须先删除刚才导入的地形补丁。鼠标放在地形补丁上，如图 3-28。点击右键，弹出菜单中选择『删除地形补丁』。删除时提示：“是否要返回到编辑前的地形?”，选择“否”，得到如图 3-29。

图 3-28

图 3-29

在50m网格地形下，使用Shift选择地形范围。按Ctrl可单个追加网格的选择。地形选好后单击右键，选择『生成森林』。弹出『编辑森林』画面，如图3-30。一次最多可配置3种2D树木，指定各树种的高度范围和总共数量后，在设置范围内随机生成森林，如图3-30，按空格键，解除地形的选择。成功后得到图3-31。

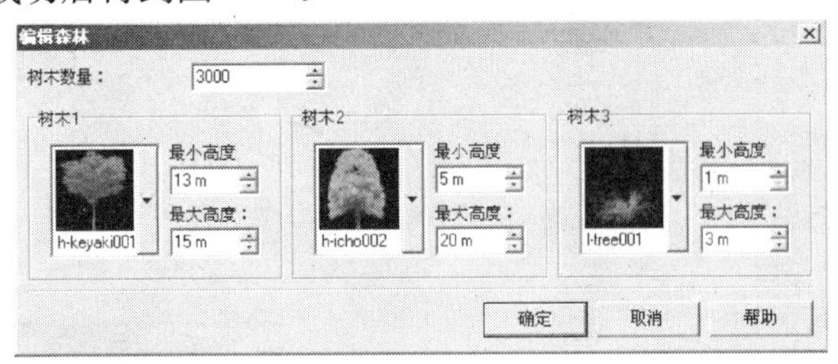

图3-30

图3-31

［操作到这里保存一次数据，文件名取为：VR01. rd］

3.6　定义道路

■ 道路平面线形编辑

点击▦，进入『道路平面图』，单击⌒『定义道路』按钮。如图3-32。按照1、2、3的顺序先大致点击，最后在适当位置右键选择『完成道路定义』。出现红色×符号，是因为线路参数的初始值与方向变化点的坐标有冲突，此问题在完成详细编辑后会消失。

如图3-33所示，按照1、2、3变化点的顺序，点击右键选择『编辑』右键选择『方向变化点1』。

参考下述截图3-34、图3-35、图3-36、图3-37，依次设置各方向变化点的位置（坐标）、类型和参数，起点（变化点1）和终点（变化点3）只有坐标，不存在参数设置。

各方向变化点编辑画面左下角的锁定图标，选中后可防止鼠标误操作导致的坐标点错位偏移。

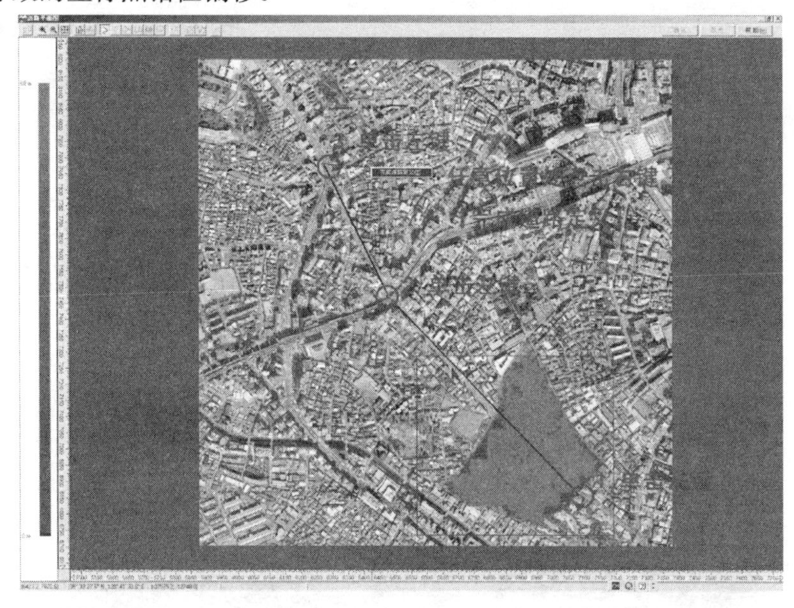

图 3-32

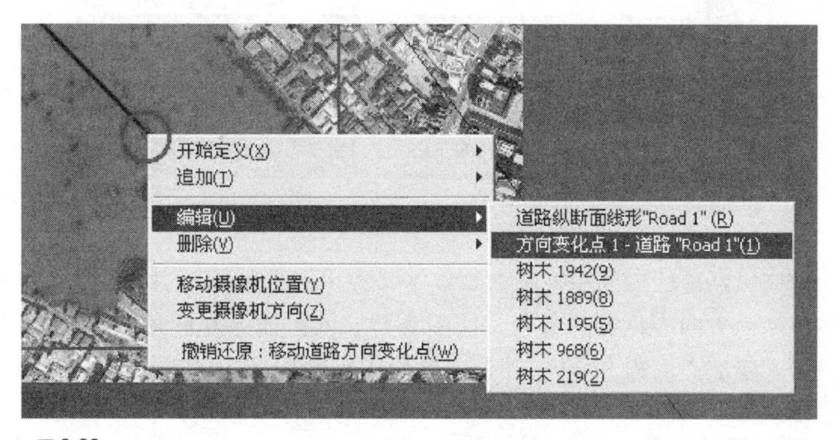

图 3-33

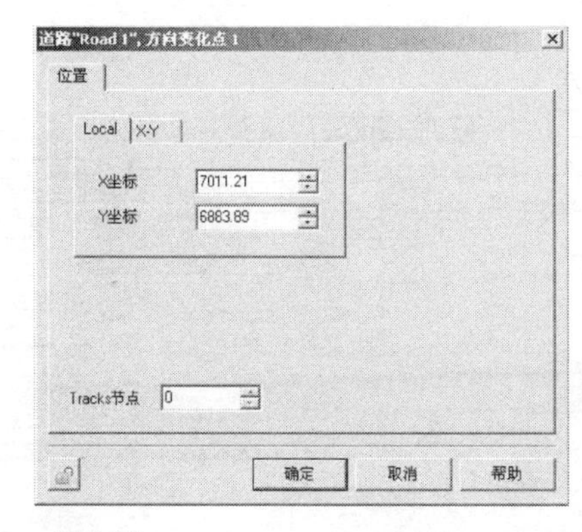

图 3-34

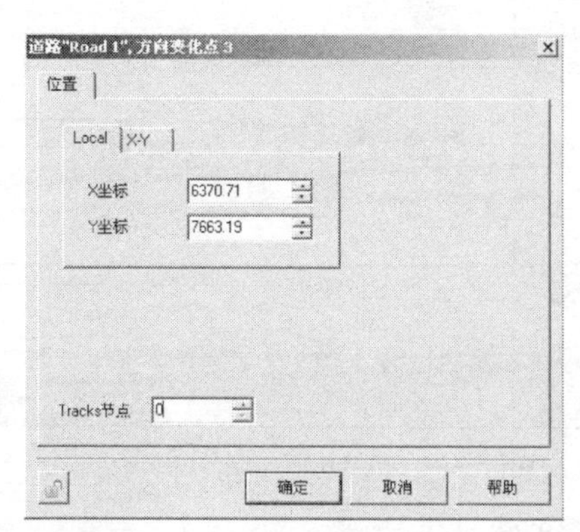

图 3-35

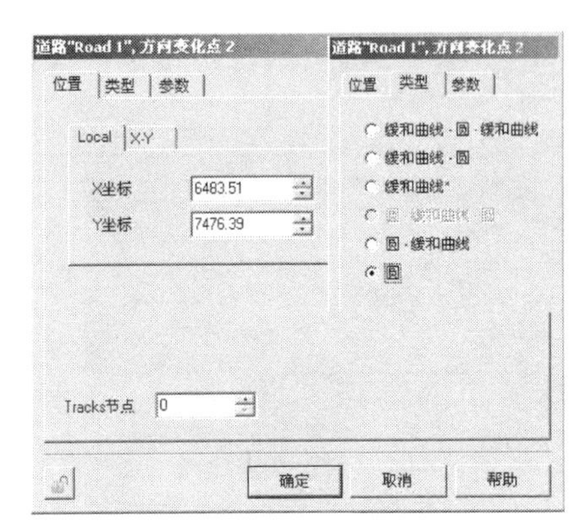

图 3-36

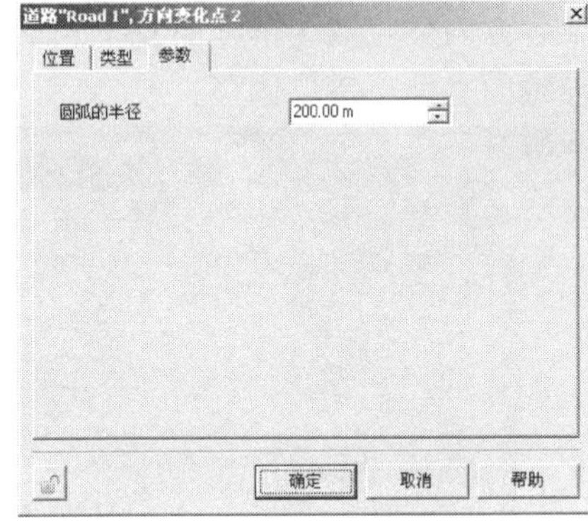

图 3-37

■ 道路纵断面线形编辑

在平面线形的定义结束后，线形上单击右键『编辑』→『道路纵断面线形』(或在线形上双击)，如图 3-38 所示。

图 3-38

打开纵断面线形的编辑画面。点击在中间追加一个方向变化点，设置各纵断面方向变化点的参数，如图 3-39。依次输入左倾角（坡度），测点桩号，变坡点高程和 VCL 等，由此确定纵断面线形，如图 3-40、图 3-41、图 3-42。

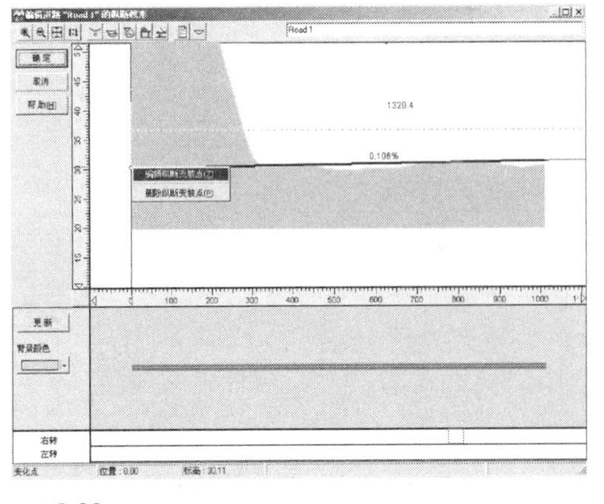

图 3-39

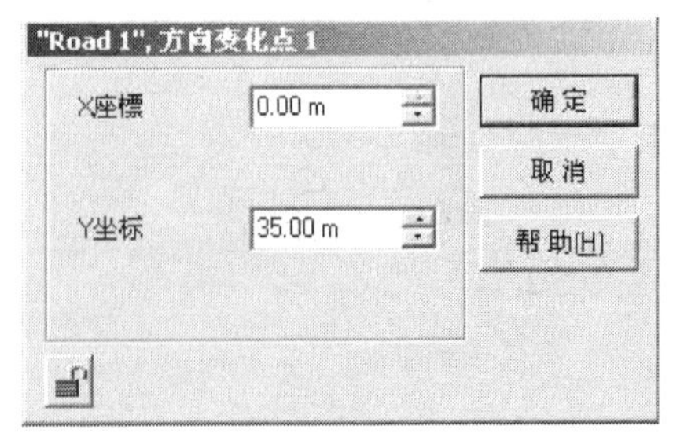

图 3-40

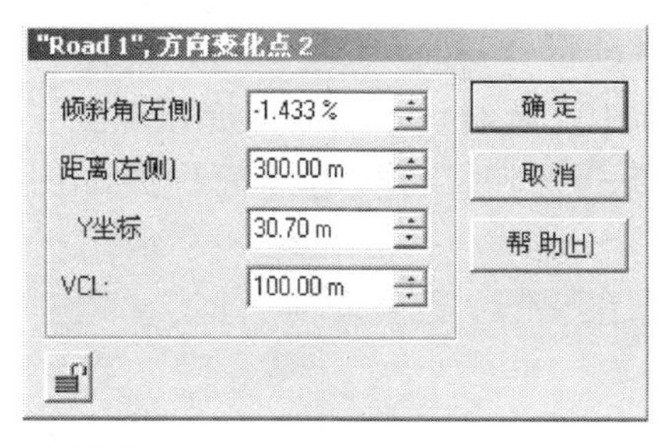

图 3-41

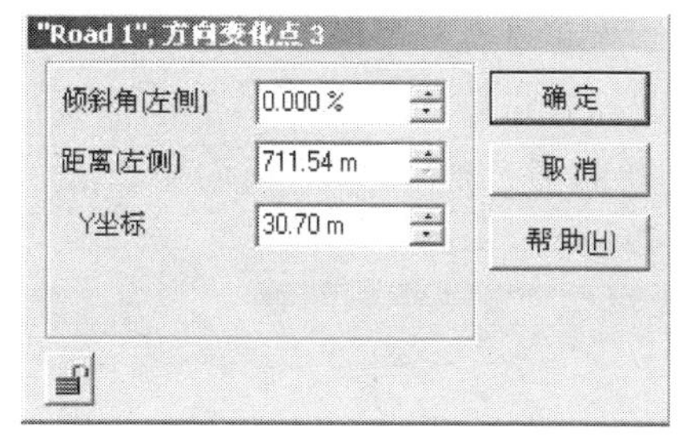

图 3-42

■ **道路横断面编辑**

横断面的设置也可以在纵断面线形的编辑画面进行。点击打开『登记道路断面』如图 3-43，点击『导入』按钮，导入预先准备好的横断面文件如图 3-44。

图 3-43

图 3-44

断面成功导入后，会作为『导入』的断面组出现在『登记道路断面』中如图 3-45。

导入起初会默认以『完成导入』的断面小组名登记。将该小组名称重新命名为『SN-Street』，如图 3-46。以小组形式进行管理断面（例如按路线分组），可对组内的特定断面材质实现批量变更，提高制作效率。

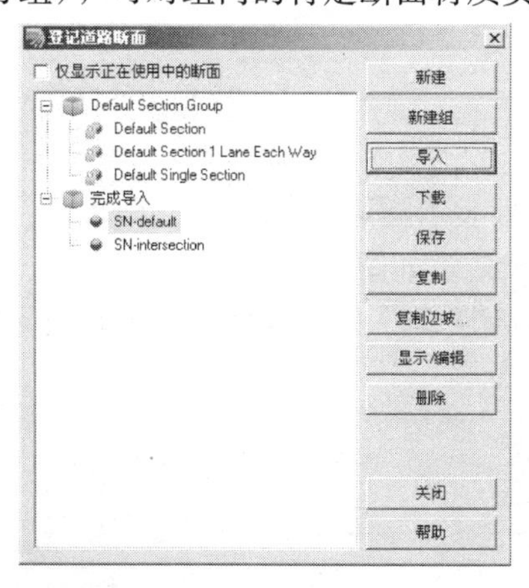

图 3-45

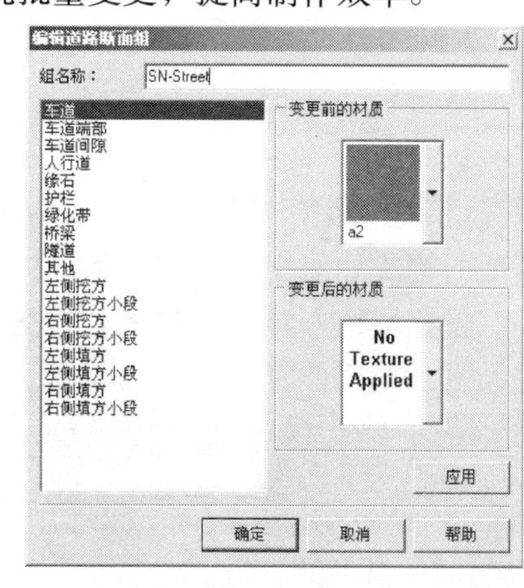

图 3-46

<导入的断面文件>

『SN-default』・・・Road 1（南北道路）的标准断面。

『SN-intersection』・・・Road 1 交叉口部分使用的断面。

■ **横断面应用**

将导入的断面『SN-default』应用到 Road1。右键单击或双击起点处蓝线，如图3-47选择『编辑断面变化点』，将『Default Section』，变更为『SN-default』如图3-48。纵断面线形界面中，蓝线均表示断面变化点。变更断面后，放大编辑画面下部的『更新』按钮，可预览断面构成如图3-49。

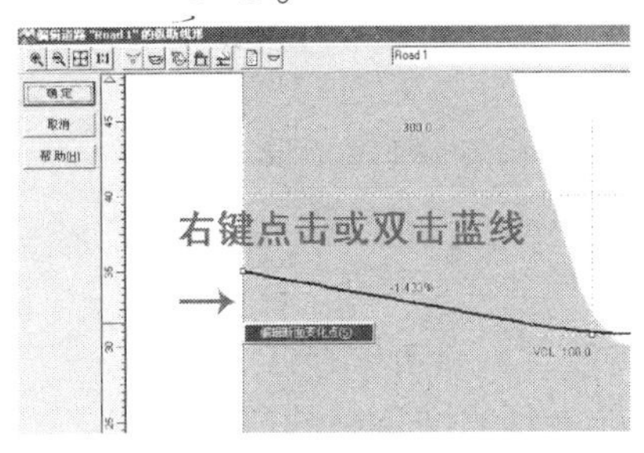

图3-47

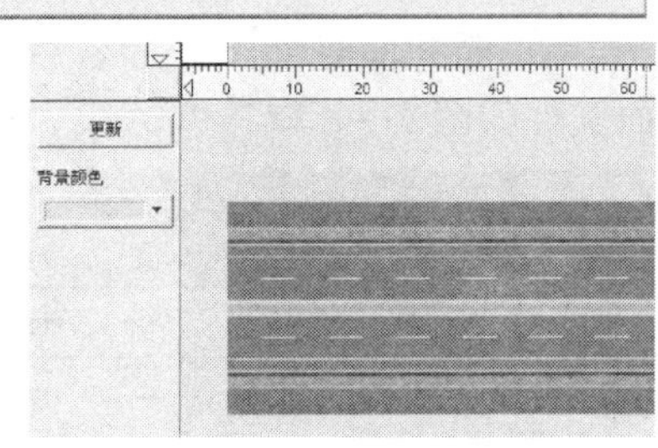

图3-48

■ 隧道区间设置

把穿过山体的部分作为隧道部。点击追加隧道的按钮，从起点开始250m的区间设为隧道区间，如图3-50、图3-51。

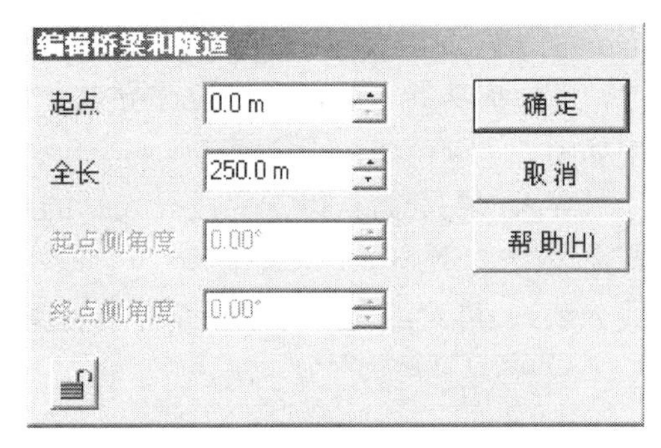

图3-49

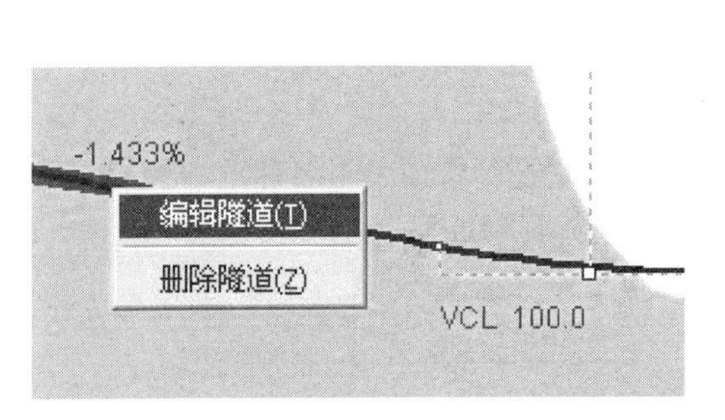

图3-50

编辑桥梁和隧道

起点	0.0 m	确定
全长	250.0 m	取消
起点侧角度	0.00°	帮助(H)
终点侧角度	0.00°	

图3-51

道路平面图3-52中，黄色的部分即表示隧道区间。『SN-default』隧道断面的构成如图3-53。点击确认后生成隧道如图3-54。

设置填挖方端部的材质。首先，从菜单栏上点击快捷图标如图3-55，进入『编辑道路断面』窗口如图3-56。

图3-52

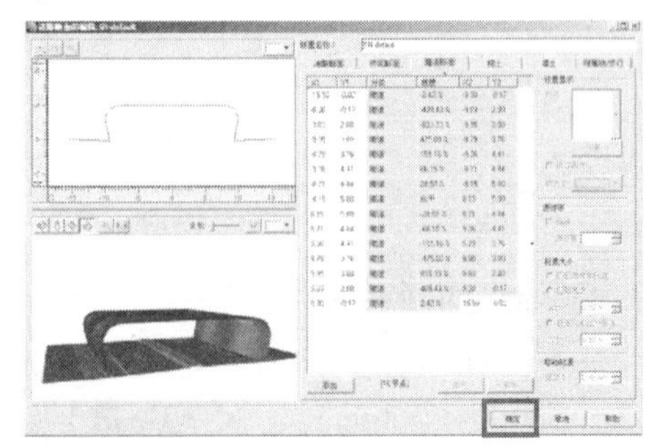
图3-53

图 3-54

点击『挖土』，点击挖土端部『编辑外观』进入『道路断面显示选项』，如图 3-57 选择材质为 slope016 材质。

图 3-55

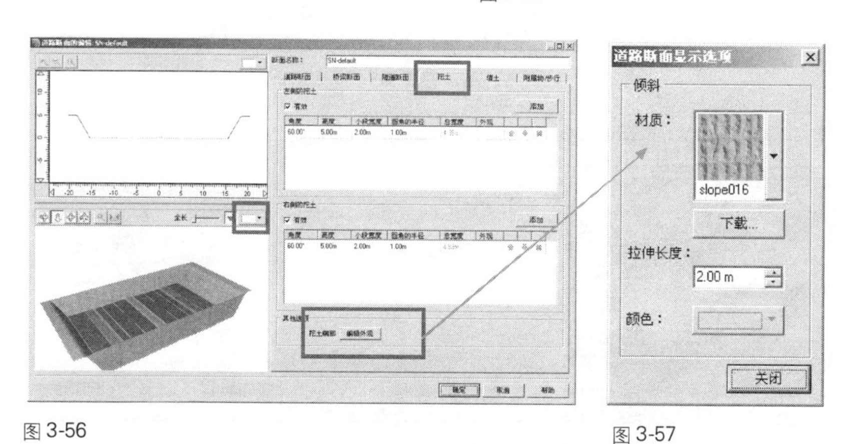

图 3-56

图 3-57

■ **隧道的调整**

道路起点在隧道内，端部的白色可能会较显眼。『选项』->『设置颜色』可把『道路末端』设为灰色，如图 3-58 所示。该项设置将不随数据被保存。隧道坑口附近会有生成森林时悬浮在道路上的树木，请删掉。如图 3-59 所示，提示要删除森林中所有的树木时请注意，因为如果选择『是』，则将会删除所有树木。删除时按住 Ctrl，可一次选择多棵树木进行删除。

■ **交通生成**

点击在定义道路里登记交通流。可按终点方向（从起点生成）和起点方向（从终点生成）两个方向登记，如图 3-60、图 3-61 所示。

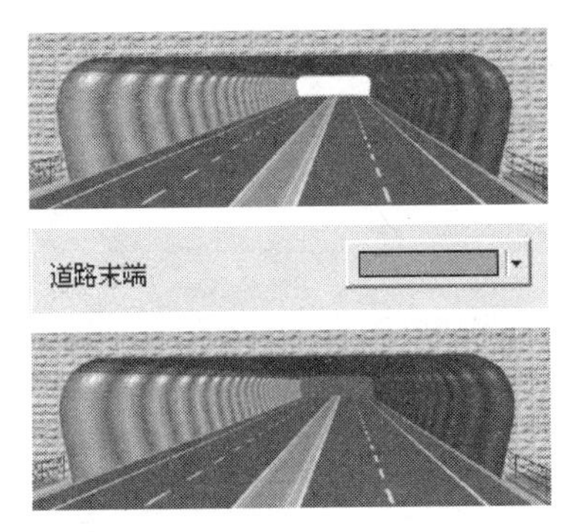

图 3-58

图 3-59

图 3-60

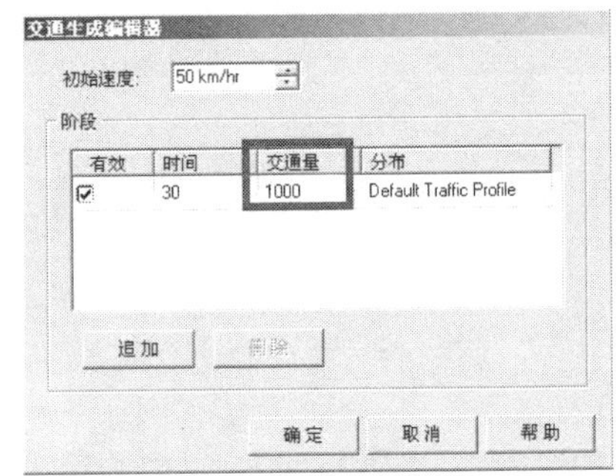

图 3-61

选项→生成交通→高速生成交通流，如图 3-62、图 3-63 所示。

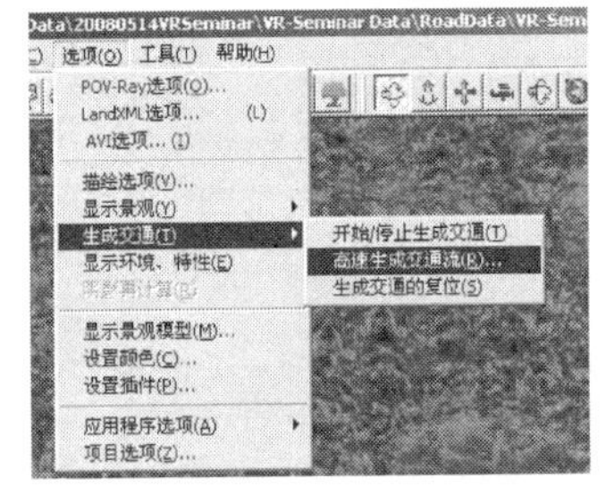

图 3-62

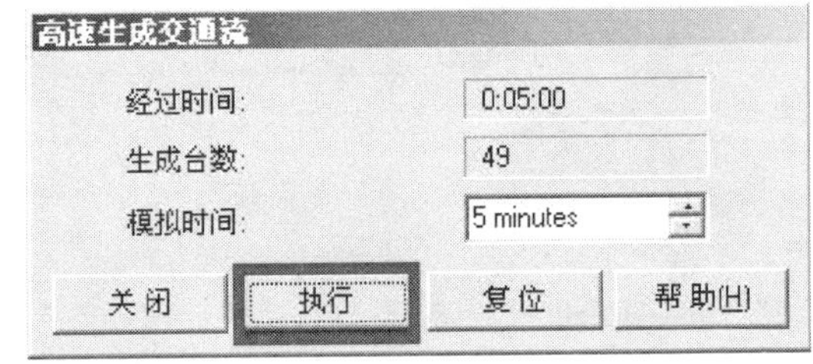

图 3-63

进行交通流的高速生成后，点击交通模拟按钮，可确认交通流的生成。在隧道内部，车辆模型的人造灯光效果自动激活。

■ 行驶

定义的道路上行驶。点击，如图 3-64 所示，在『行驶设置』画面中对初期速度、行车线、视点高度等进行设置，点击『确定』即开始行驶。行驶过程中通过方向箭头可控制加减速及行车线变更。

按住 Ctrl + Alt 的同时，单击交通流的车辆模型，还可以实际乘入该车辆，如图 3-65。这个时候按住小键盘的方向键，可流畅地调节移动驾驶座舱内视线。如事先连接有外部设备（方向盘、游戏手柄等），按回车键将视点切换至驾驶席，还可体验驾驶模拟，如图 3-66。

行驶设置

Road 1

行程

由起点向终点行驶

由终点向起点行驶

起点→终点、终点→起点循环行驶

初始速度 50 km/h

行驶车道 1

视线高度 1.00 m

开始行驶位置 0 m

忽视动作控制点

确定 取消 帮助(H)

图 3-64

图 3-65

图 3-66

驾驶控制

速度	加速（5km） 减速（5km）	up arrow down arrow
变换行车线	left right	left arrow right arrow
改变视点	back front left right below skew	2 8 4 6 5 7，9，1，3

■ **道路和地形的衔接**

在选择不生成填挖方的情况下，根据正确设置的道路纵断面，可让道路与地形自然衔接。不生成填挖方路段的横断面请用复制断面『SN-default』的方法制作。如图 3-67，断面名称设为『SN-cbN』。摘除左右两侧填挖方的选项，按下确定，复制道路断面成功后在窗口中出现新的一个断面 SN-cbN。

点击『列表编辑按钮』，追加断面，如 。在断面的列表编辑中，于 400m 位置追加断面『SN-cbN』。如图 3-68。

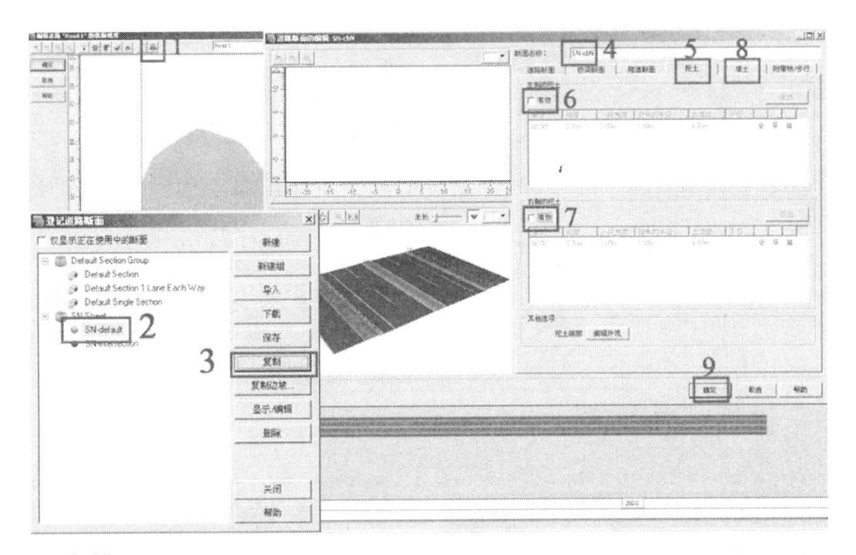

图 3-67

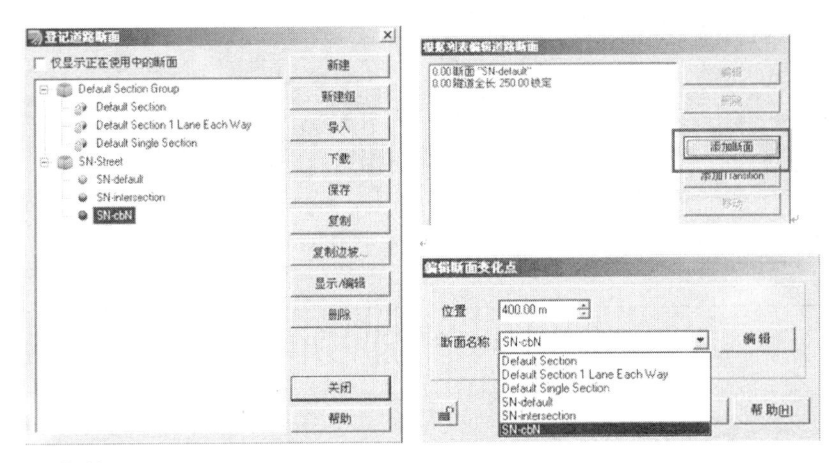

图 3-68

生成填挖方时如图 3-69 所示，摘除填挖方的生成，与地形自然衔接如图 3-70 所示。

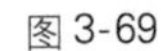

图 3-69　　图 3-70

操作到这里保存一次数据。文件名取为『VR02. rd』。

■ 合并（『添加合并』：数据的合并）

打开合并用的数据『VR-mergel. rd』，在书后的光盘中能找到。确认该数据中包含『Road 2』和部分模型数据。如图 3-71 所示，点击文件->添加合并，选择『VR02. rd』。Road 1 和 Road 2 被合成，航空图片、地形补丁、森林等也被合成。Road 1 和 Road 2 的交叉部分，生成了平面交叉。如图 3-72 是导入前，图 3-73 是导入后。

图 3-71

图 3-72

数据合并，只有在 2 个数据处于完全同样的区域（相同坐标、相同大小）的情况下才能执行。数据合并中需要注意的要点是，两个数据中包含的全部要素必须完全没有重复，事先必须做好充分确认。（并不排除存在重复要素，却依然显示合并成功的情况。这至少会无谓增大文件容量，导致计算机性能下降）。『VR-Seminar-marge1. rd』中登录有『Traffic Profile 1』如图 3-74 和图 3-75 所示。

图 3-73

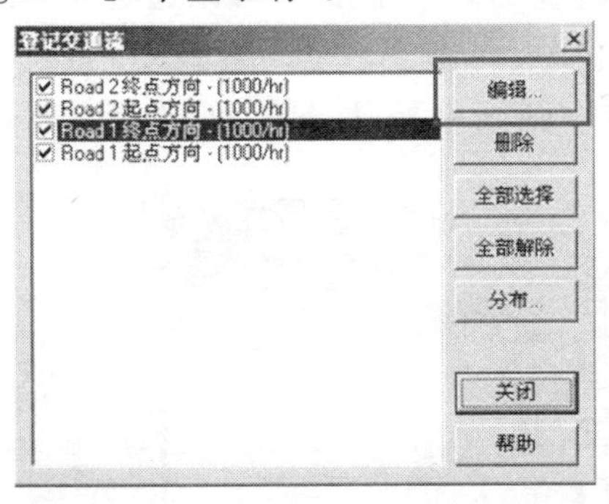

图 3-74

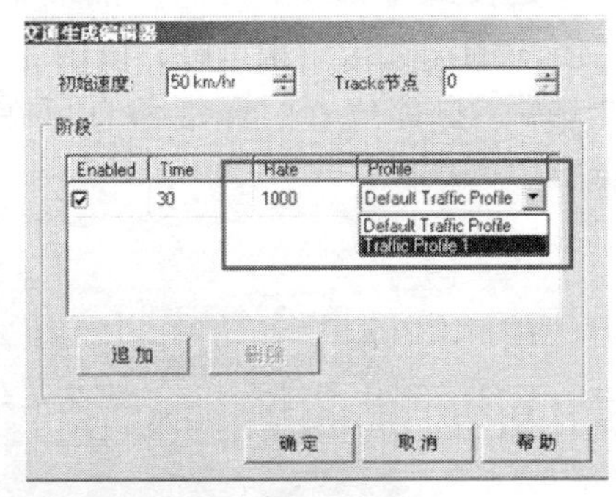

图 3-75

点击将 Road 1 的交通分布也设置为『Traffic Profile 1』，交通量设为 1000，如图 3-76 所示，再次确认交通流。按住 Ctrl + Alt 的同时，单击交通流中的车辆，还可以实际乘入该车辆。此时通过小键盘数字键，可以自由地调节移动驾驶座舱内视线。如事先连接有外部设备（方向盘、游戏手柄等），按回车键（Enter）将视点切换至驾驶席，还可体验驾驶模拟。

图 3-76

■ **制作交叉口**

（1）断面调整

将合并后自动生成的交叉口的大小变更为 40m。交叉口的大小根据情况的不同要适当调整，车辆的停止位置会在交叉口内部，需要通过调整控制在停车线后。交叉口的路面是根据横断面车道部的最高位置而生成的。因为车道部断面存在横断面坡度，同时受中央分隔带影响，加之交叉口内部，由于相交的两条路之间在交汇部也存在高差，故交叉口在识别道路横断面生成交叉口路面时，容易出现交叉口部与车道间的高差。在交叉口与道路的交界处会出现高差和漏空现象，如图 3-77。为了消除这个高差，对 Road 1 加设预先准备好的断面。如图 3-78 所示，距离起点 737.87m 处插入 SN-intersection 断面。断面『SN-intersection』在横断面坡度不变的情况下，一直延长到 X = 0（即中央分隔带宽度变为 0）。此部分可以通过『车线详细』中的『边缘』来调整，以确保车道整体宽度不变，且不对断面构成产生影响。断面位置的详细信息可在主画面中按住 Alt，通过单击路面来确认。

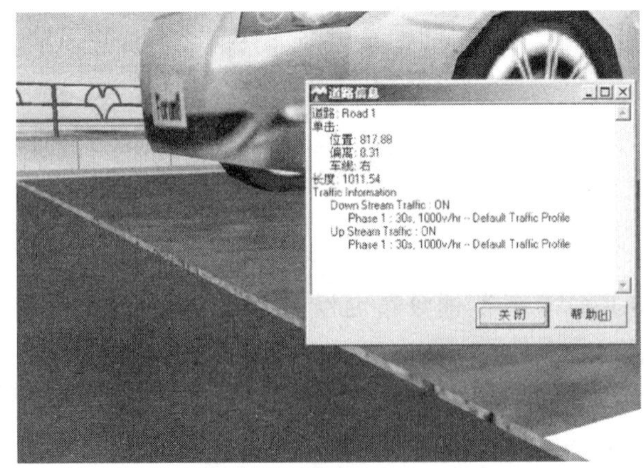

图 3-77

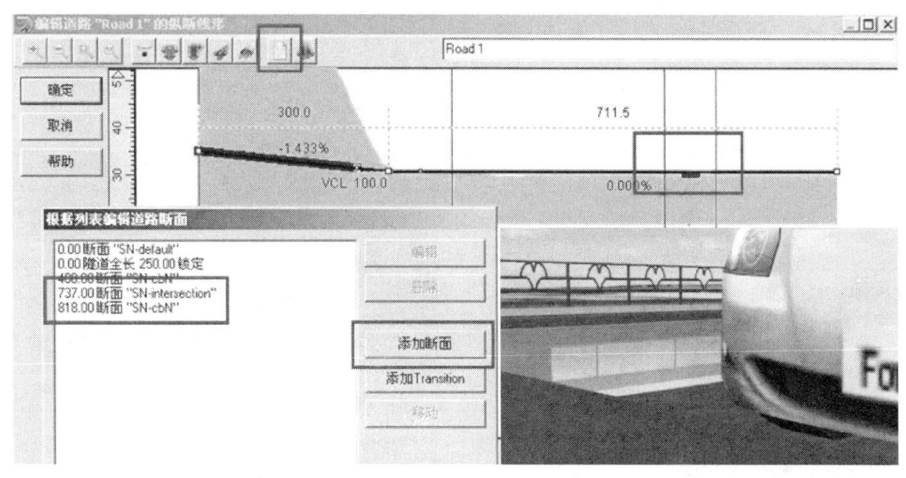

图 3-78

如果中央分隔带的缘石端部发生材质透空的现象。解决该问题可从断面『SN-cbN』中的『挖土端部』选项，为该透空部位设置材质。

（2）材质/行驶路径调整

交叉口的材质和行驶路径等，可在主画面下进行编辑。如图 3-79 所示，单击交叉口，在出现黄色框线的状态下右键单击，选择『编辑交叉路口』。如图 3-80。按『删除』按钮删掉默认的路面材质，按『编辑材质』进入『编辑交叉路口材质』画面。

图 3-79

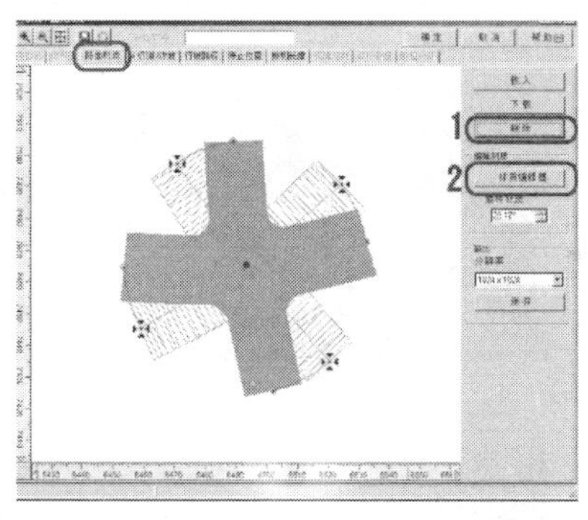

图 3-80

按『自动生成标识』打开『设置自动生成』选项，如图 3-81 所示。设置车道端部的颜色后，按『确定』将自动生成标识线。进行车道边界线的编辑。选择并点击要编辑的 Line，在编辑模式下进行设置。设置值可实时反映。分别将 4 处设为虚线，如图 3-82、图 3-83 所示。

如图 3-84，按『制作人行横道』设置人行横道。先点击『编辑』出现交通表示区域设置画面，对人行横道的参数进行调整，点击确定，在画面设置起点后再点击终点。如图 3-85，配置路面标识，点击『标识库』后使用『选择添加』按钮读取要配置的标识。（C：\ UCwinRoad Data \ Save \ Intersection \ MarkingsLib）读取标识 Left. rmk、traight-Right. rmk、Sraight-Left. rmk。如图 3-86 所示，进行标识放置。如图 3-87，旋转并移动配置所粘贴的标识，同样方法配置其他路面标识别。

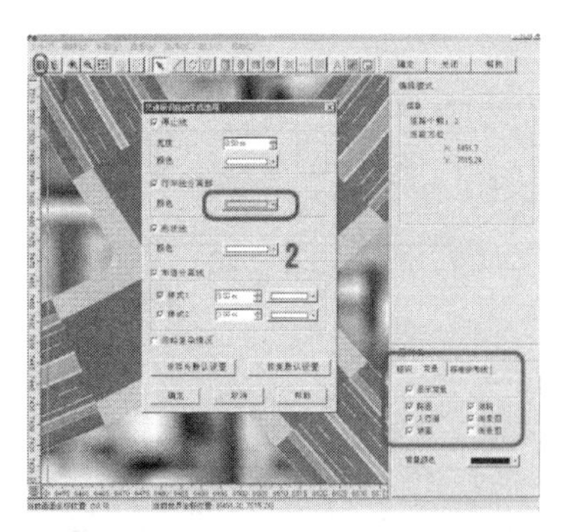

图 3-81

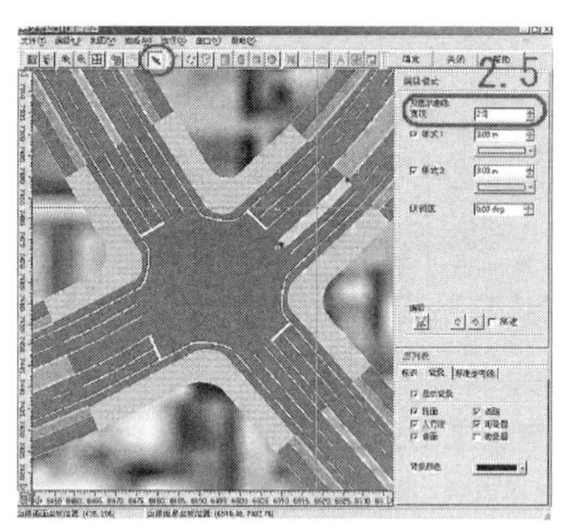

图 3-82

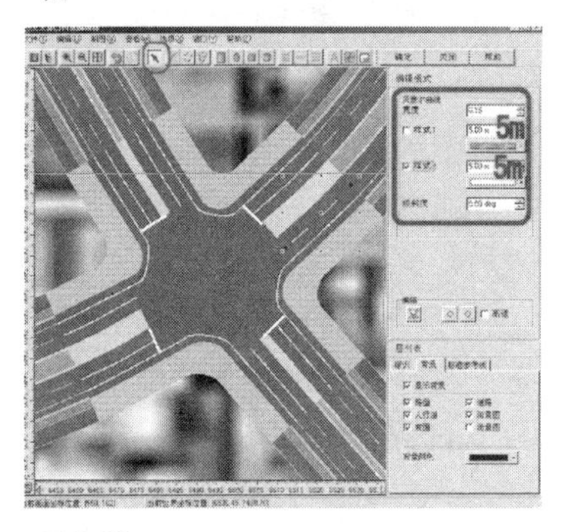

图 3-83

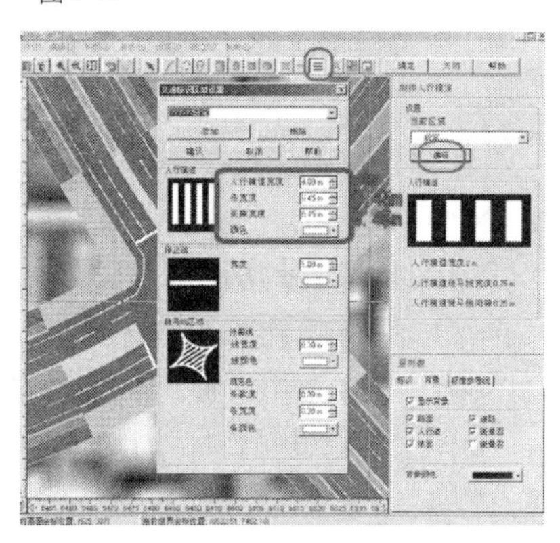

图 3-84

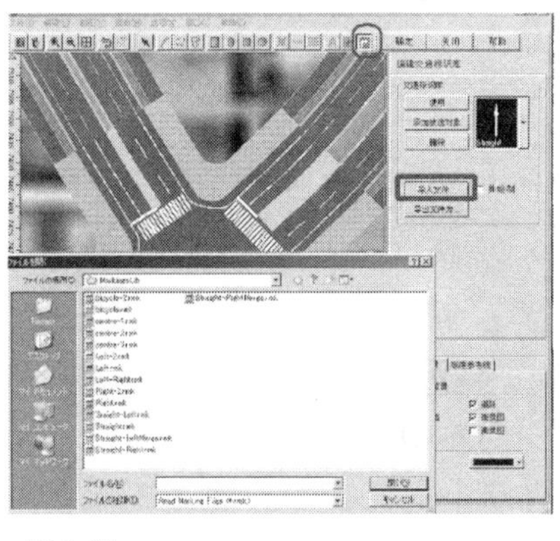

图 3-85

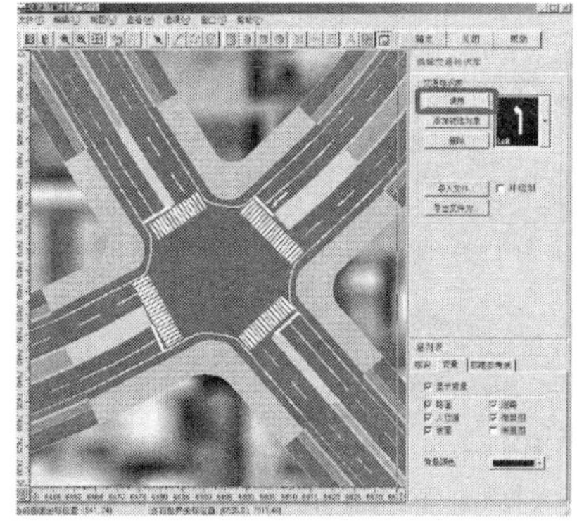

图 3-86

对于人行横道线等，希望对线条设置角度时，可以选择后通过倾斜度进行编辑。如图 3-88，按『确定』按钮来确定材质，完成交叉口材质的编辑。

体验了交叉口材质编辑功能后，我们点击『取消』返回『编辑平面交叉口』界面，点击『导入』按钮，导入事先预备好了材质文件。注意：此处，需要将“旋转材质”选项的角度设置为 0。依次对交叉口的其他要素设置。如图 3-89 所示，按『人行道/边坡』选择人行道的材质『hodou2』比例设为 10、旋转 45°。如图 3-90 所示，按『行驶路径』设置交叉口的左转专用道 2 处，直行的比重设为 0。此外也可分别设置各行驶车辆组的路径概率。按『停止位置』设置车到交叉路口停止的位置，点击『确定』按钮完成交叉口编辑。

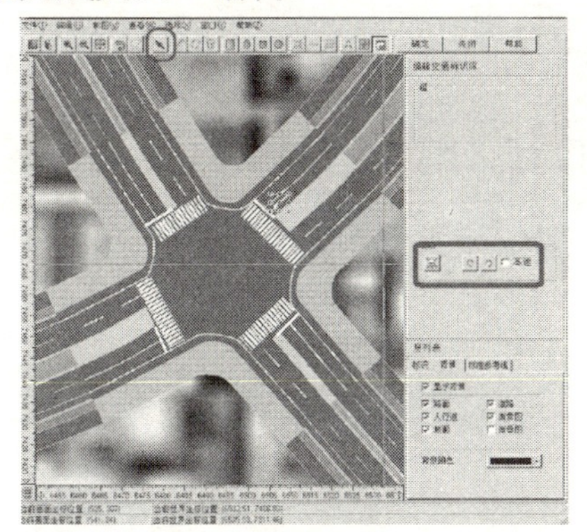

图 3-87

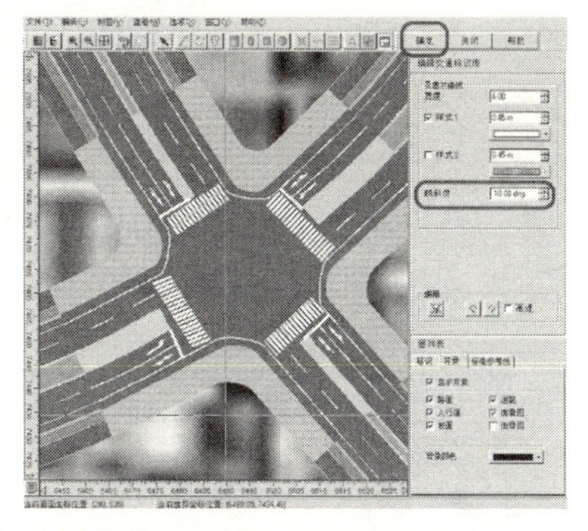

图 3-88

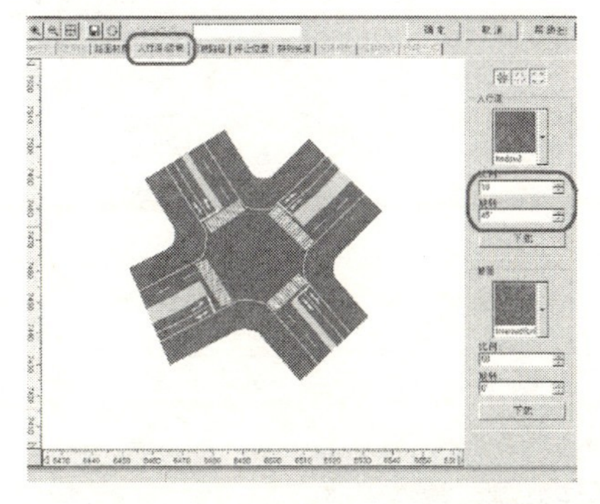

图 3-89

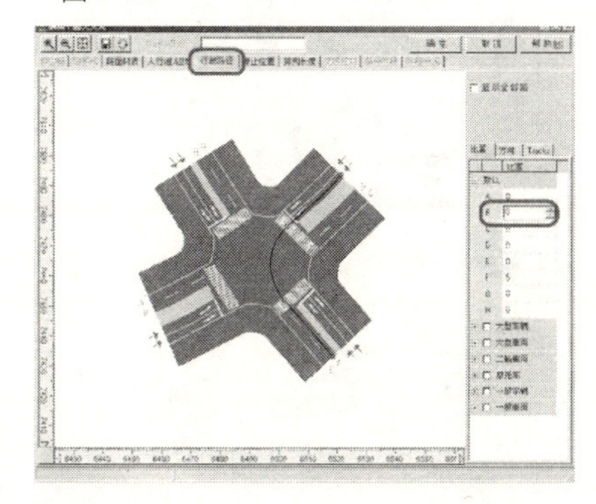

图 3-90

如图 3-91 所示，返回主视画面，快速生成交通流如图 3-92 所示。

图 3-91

图 3-92

保存到此为止的 RoadData。文件名为「VR03. rd」。

3.7 景观配置

■ 配置道路附属物和景观模型的切换显示

对 Road 2 配置电线杆，并设置成可以进行模型的切换显示。如图 3-93，景观切换到『设计前』，点击图标，作为道路附属物，首先给左侧道路配置电线杆及电线，具体操作如图 3-94、图 3-95、图 3-96、图 3-97。

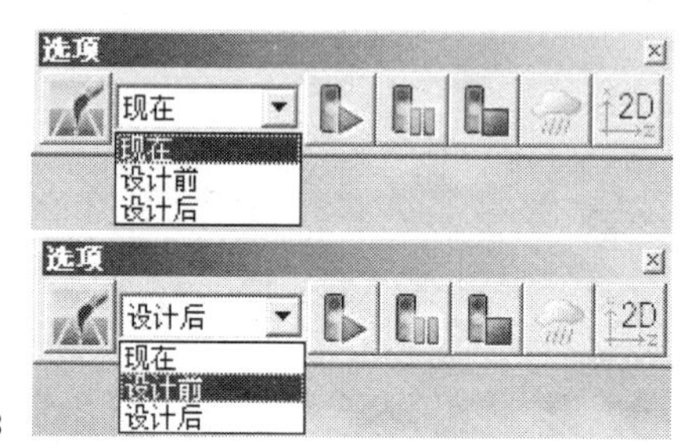

图 3-93

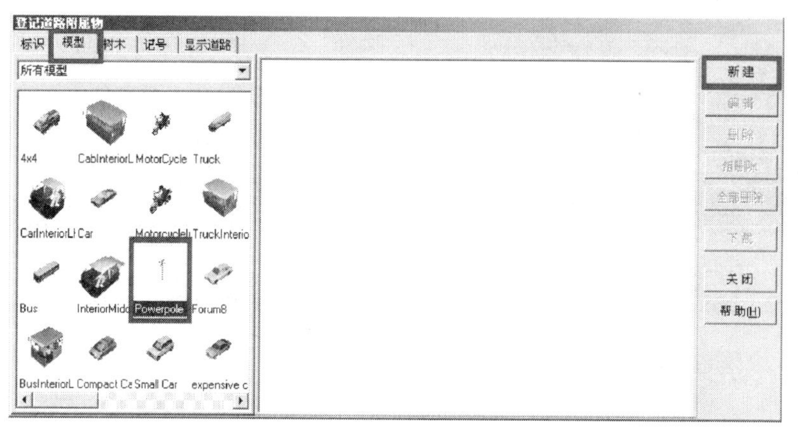

图 3-94

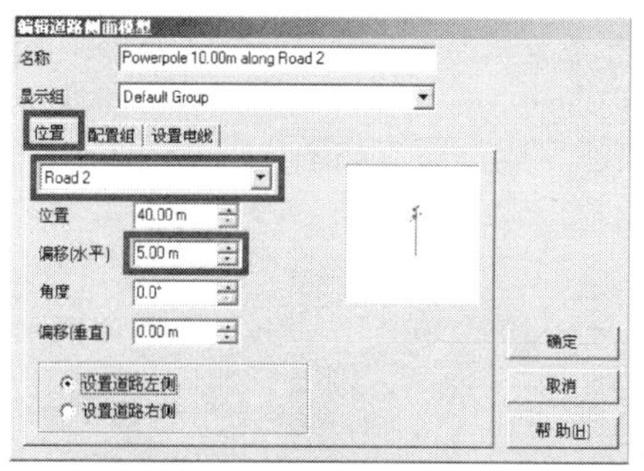

图 3-95

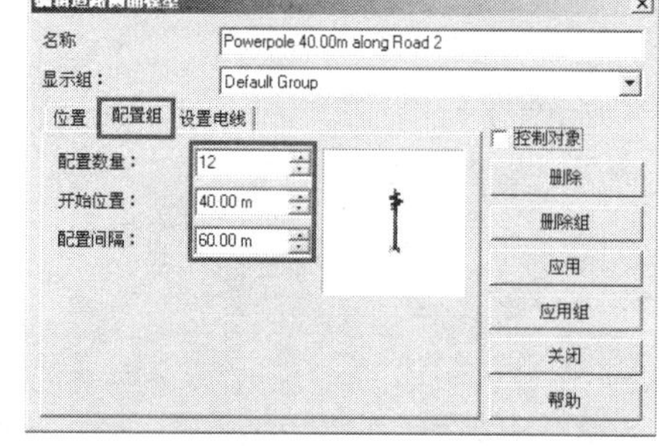

图 3-96

如图 3-98，再将景观模式切换到『设计后』，点击图标，作为道路附属物，同样给左侧道路配置街灯，具体操作如图 3-99、图 3-100、图 3-101 所示。

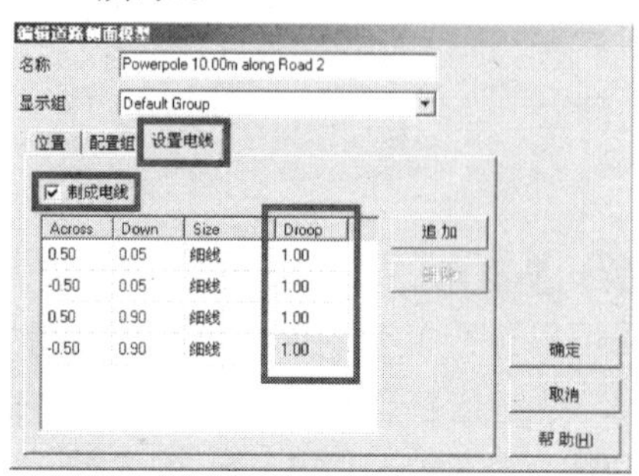

图 3-97

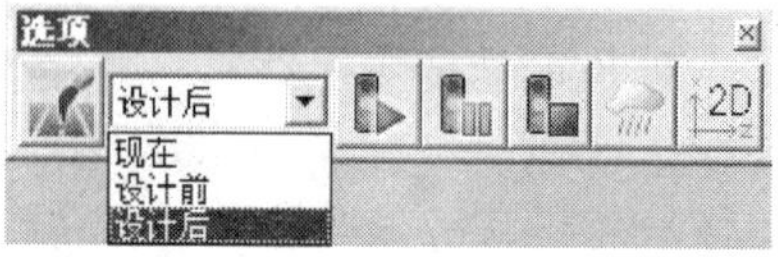

图 3-98

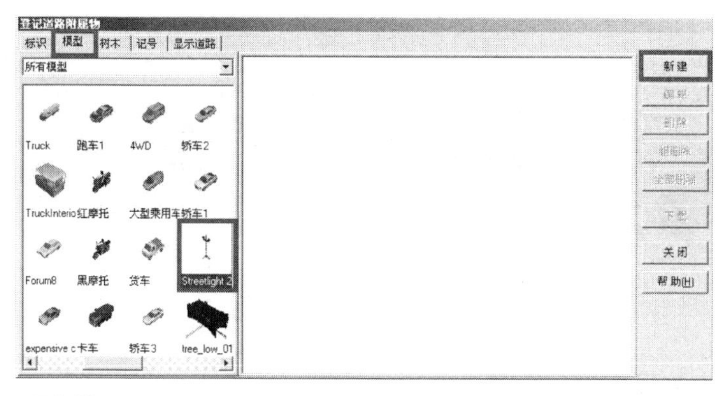

图 3-99

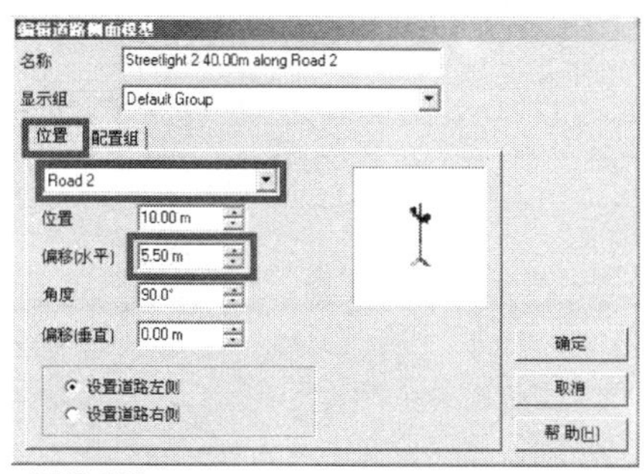

图 3-100

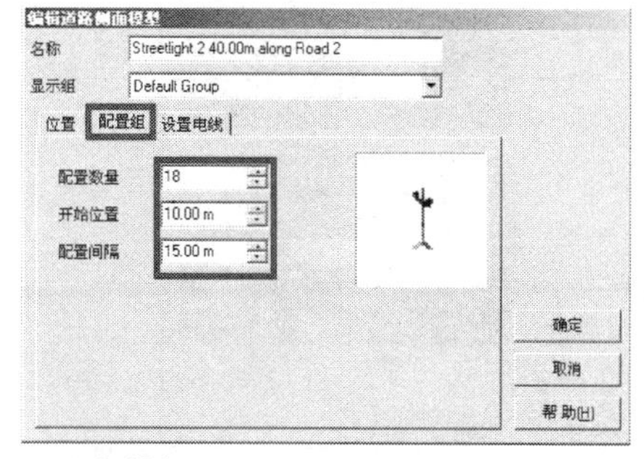

图 3-101

配置完成后返回三维空间下对景观进行切换并确认。通过工具栏菜单『选项』-『显示景观模型』，可对不同显示模式设置不同的显示模型。未勾选的模型将不在该模式中显示。

■ **配置道路附属物（植被）**

点击，在道路附属物模式下，批量配置 Road 1 绿化带的植物模型和 2D 树木。配置植物模型操作如图 3-102、图 3-103、图 3-104 所示，左侧配置完后，道路右侧也同样进行配置。

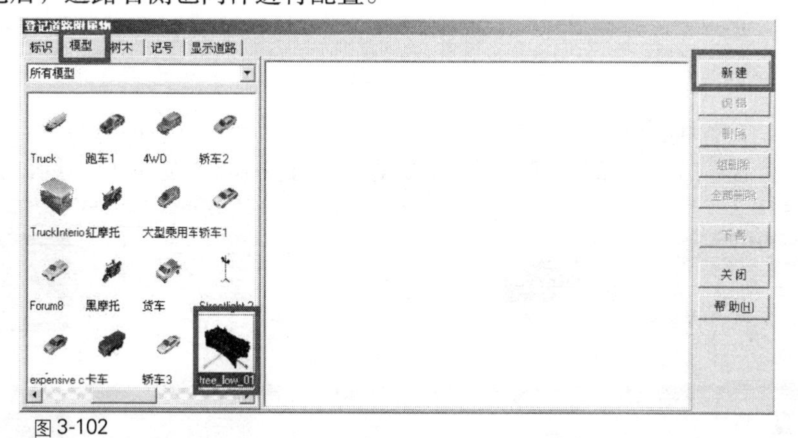

图 3-102

配置 2D 树木，如图 3-105、图 3-106、图 3-107 所示，左侧配置完后，对道路右侧也同样进行配置。

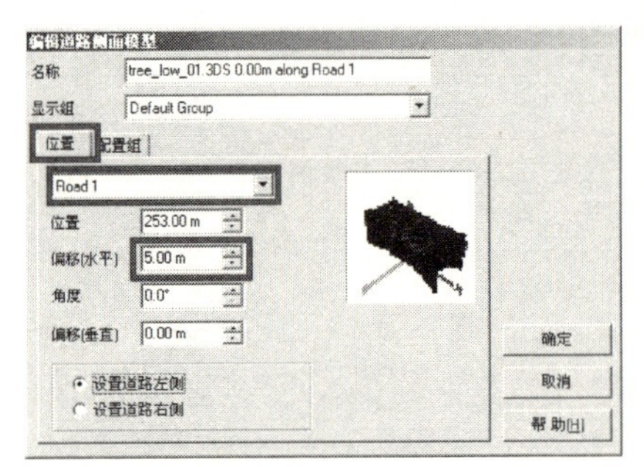

图 3-103

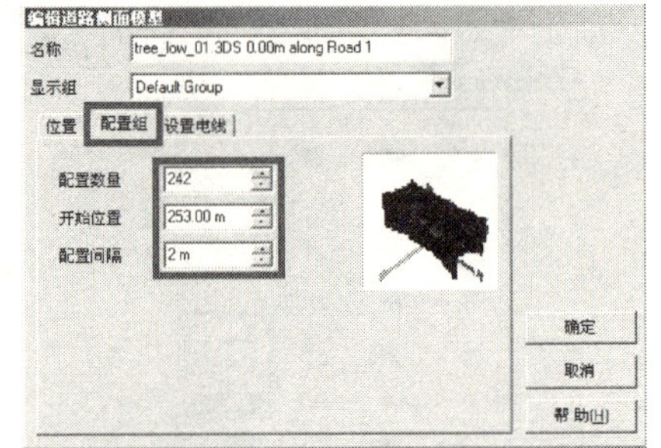

图 3-104

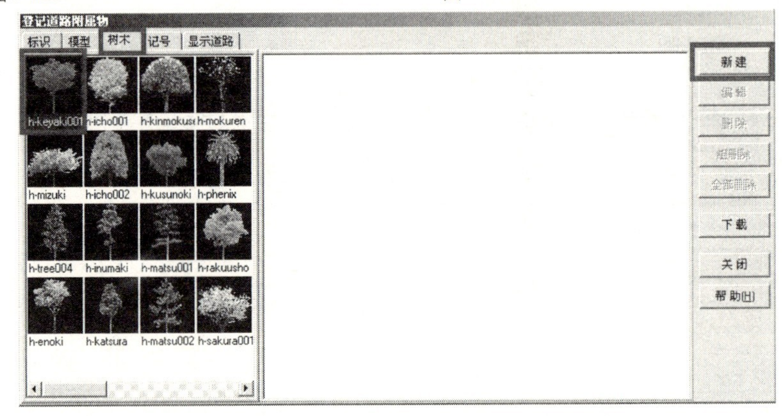

图 3-105

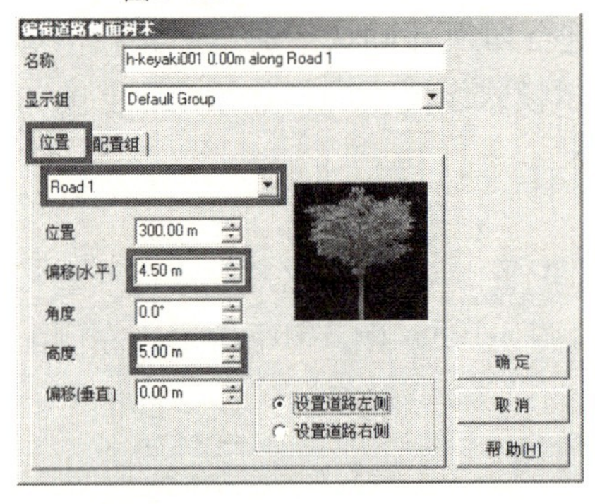

图 3-106

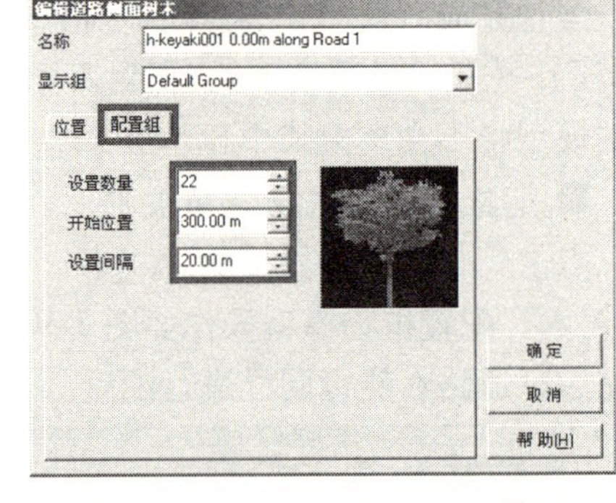

图 3-107

上述配置完后，可对 Road 1 从隧道口至交叉路口的区间进行确认，接下来对 Road 1 终点部分进行两侧的配置，如图 3-108、图 3-109 所示。

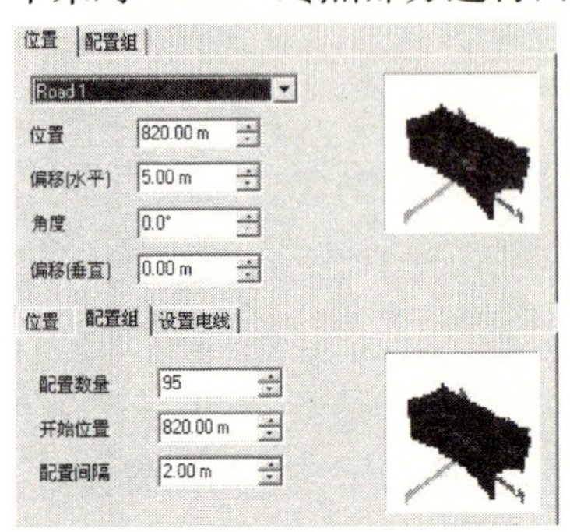

图 3-108

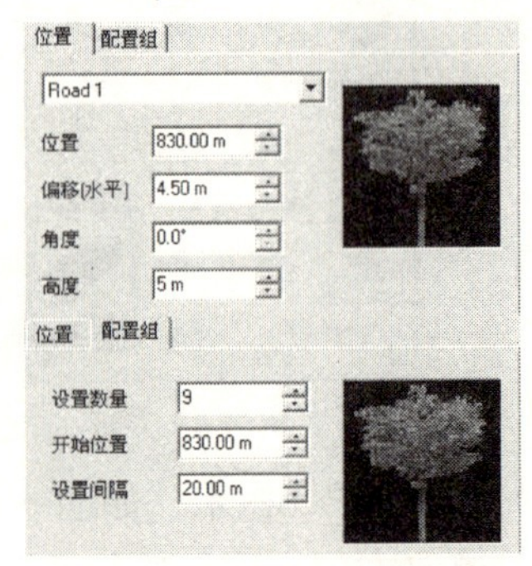

图 3-109

如果发现因为模型配置过多导致 Frame rate（fps）下降的话，如图 3-110 所示，可尝试在描绘选项的性能选项卡中加大可视角度。

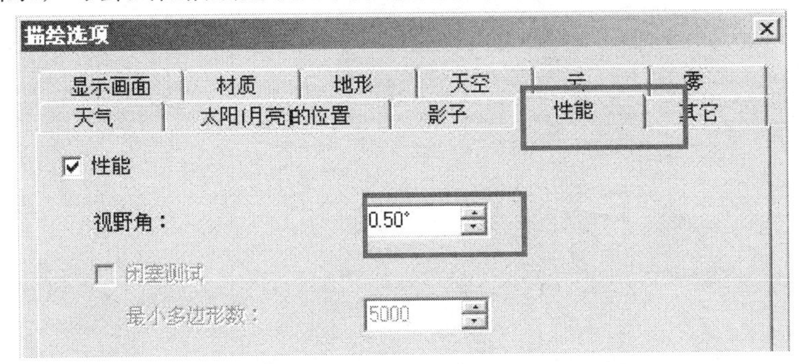

图 3-110

全部配置完成后，可在三维空间下切换『现在』、『设计前』、『设计后』的模式进行确认，如图 3-111、图 3-112、图 3-113 所示。

图 3-111

图 3-112

图 3-113

■ **设置道路障碍物**

道路障碍物是对路面的陷落和破损等情况的再现，行驶车辆会识别障碍物自动迂回绕行。如图 3-114、图 3-115 所示，追加景观模式，重新命名为『道路障碍』后，返回三维空间生成交通确认车辆的迂回绕行。

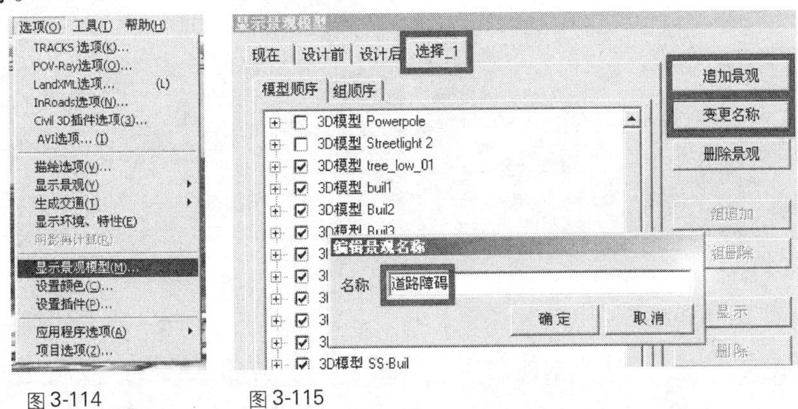

图 3-114　　图 3-115

如图 3-116 所示，单击障碍物还可对其进行编辑。将景观模式切换到『现在』或其他模式，道路障碍物消失，车辆恢复正常行驶。

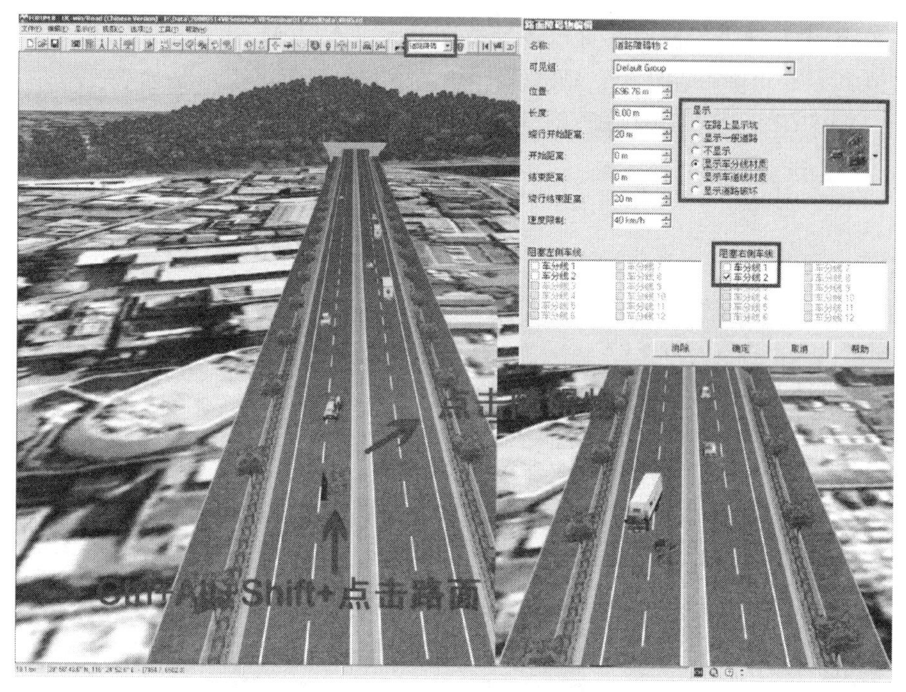

图 3-116

■ **定义湖泊**

定义湖泊前，再次导入之前准备好的地形补丁文件。点击进入道路平面图，再点『定义湖泊』，如图 3-117 操作，参照航空图片圈定湖水的范围，最后单击右键选择结束定义。湖泊的编辑在主画面也能进行，如图 3-118。

图 3-117

图 3-118

■ **制作和配置 3D 树木**

点击进行 3D 树木的制作，如图 3-119。点击进行 3D 树木的配置，如图 3-120。点击观察 3D 树木的随风摇曳特效。

※这里不详细讲述 3D 树木制作的详细步骤。

■ **配置 3DS 模型（建筑物）**

在交叉口附近配置建筑物的 3DS 模型。点击配置模型，如图 3-121

所示。使用『以模型为中心旋转』修正位置，如图 3-122 所示。

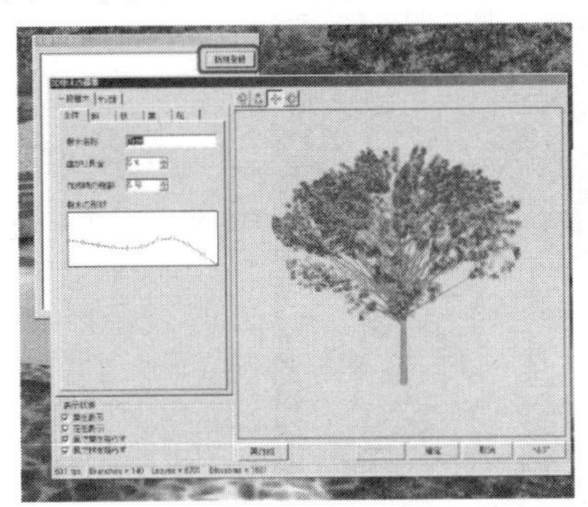

图 3-119

图 3-120

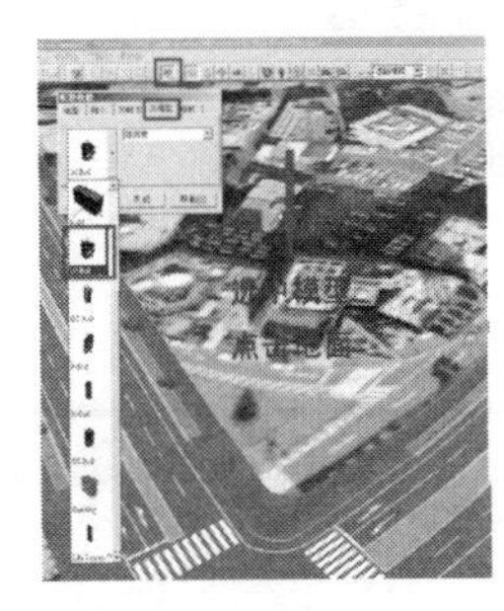

图 3-121

图 3-122

■ **人造灯光**

如图 3-123 所示，单击配置的建筑物，点击『编辑』进入编辑 3D 模型界面，如图 3-124，确认材质的照明效果。同时，选中『仅限夜晚』复选框。

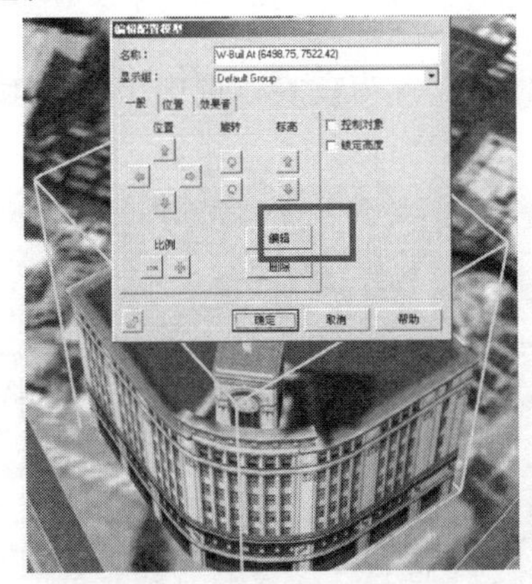

图 3-123

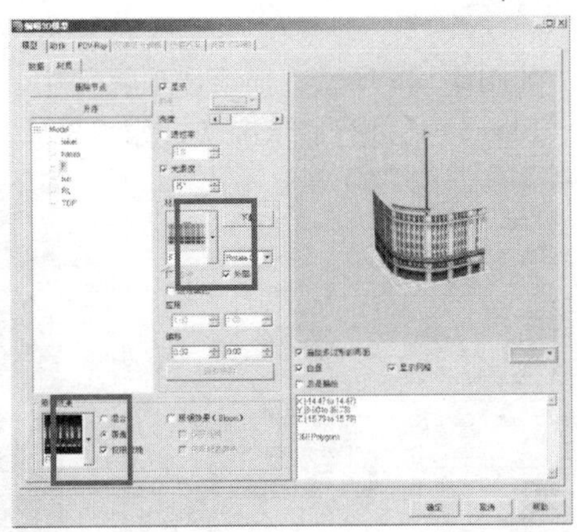

图 3-124

点击，如图 3-125 所示，选择『太阳（月亮）的位置』。选中『根据日期、时间改变太阳（月亮）的位置』将时间设置为晚上，即可看见模型的材质自动切换显示为夜间材质。

■ **照明对象（Bloom）**

点击『设计后』配置的路灯，如图 3-126 所示，从『编辑 3D 模型』

按钮进入编辑界面，选择材质进行亮化（bloom）设置，如图 3-127 所示。

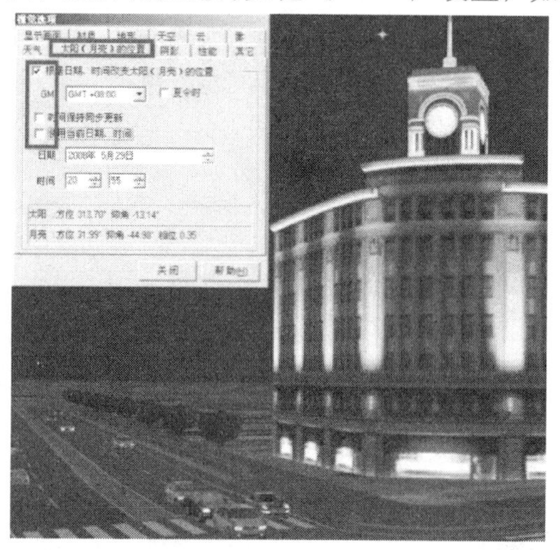

图 3-125

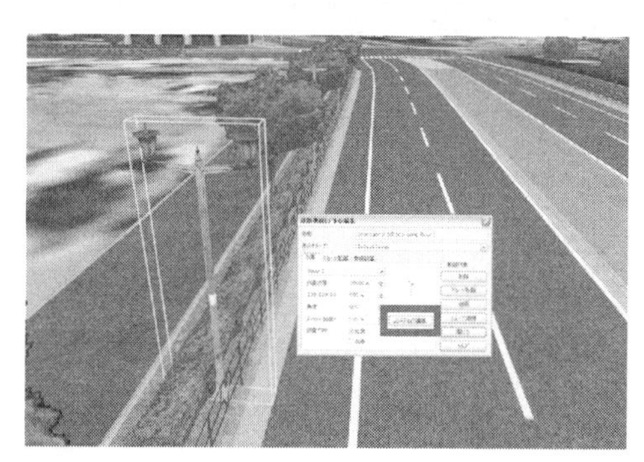

图 3-126

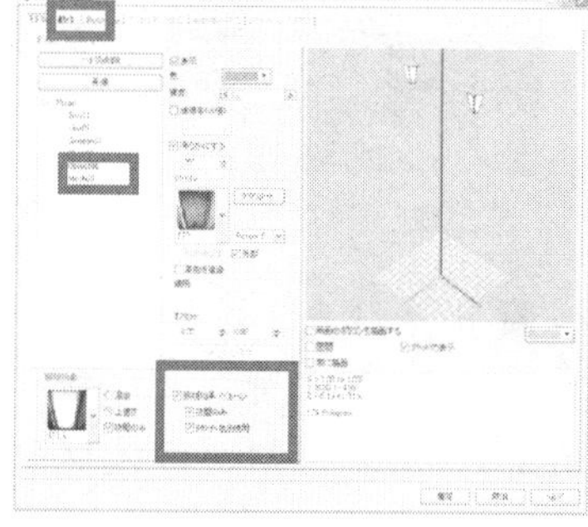

图 3-127

如图 3-128 所示，描绘选项界面中，时间设置为夜晚，选中『照明对象（Bloom）』进行显示确认，如图 3-129。

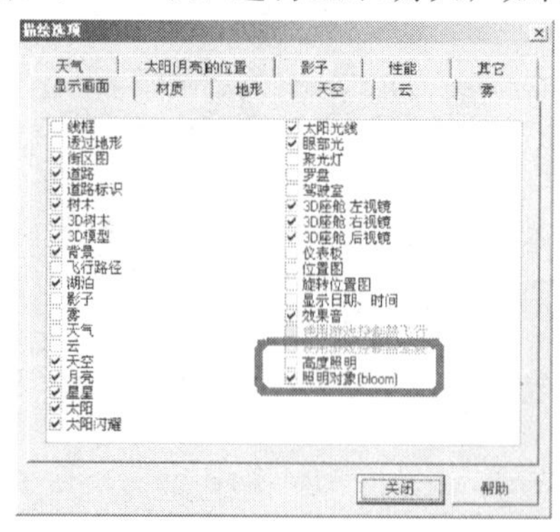

图 3-128

图 3-129

■ 照明功能（街灯）

描绘选项中选中『高度照明』，点击，设置街灯，如图 3-130 所示。将『设置街灯』打开，主画面中鼠标点击希望设置街灯的地方，然后再次

在『设置街灯』界面中选中设置的街灯，即可看到光路图，如图 3-131 所示。

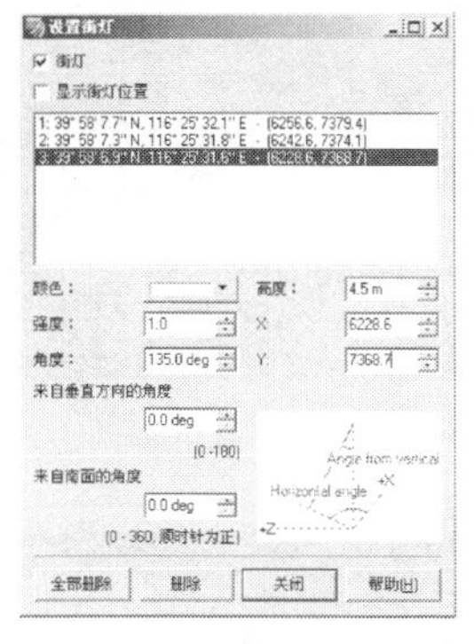

图 3-130

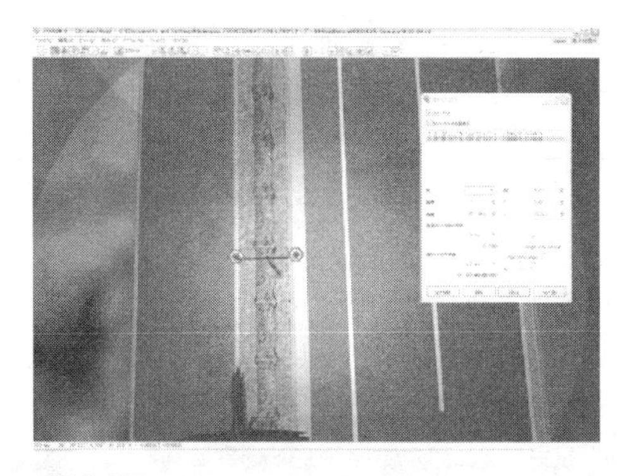

图 3-131

点击街灯列表，进行对象选择，根据需要对位置、高度、原色、强度、角度、方向等进行设置，如图 3-132、图 3-133 所示。

图 3-132

图 3-133

■ 车头灯

描绘选项的『高度照明』：处于 ON 的勾选状态，生成交通流，对任意车辆 Ctrl + Alt + 点击，乘车的同时，该车辆的车头灯也被打开。点击回车键（Enter）切换到驾驶席。从外部对车头灯确认时，可暂停交通流后确认、变更视点。点击，可对车头灯的位置、高度、方向进行变更，如图 3-134、图 3-135、图 3-136 所示。

图 3-134

图 3-135

图 3-136

■ 配置仿真旗帜

如图 3-137 所示，在建筑物模型附近配置国旗，按『显示环境 · 特征』按钮。如图 3-138 所示，选择旗帜模型，在模型的编辑中选中『详细显示』复选框，可以看到国旗迎风飘摆的样子。

图 3-137

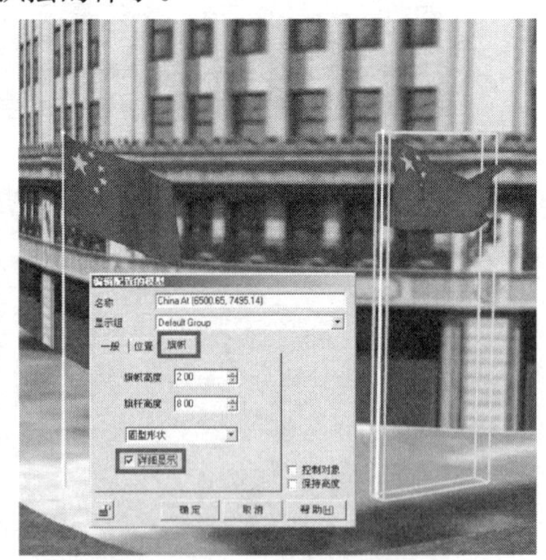

图 3-138

操作到这里保存一次数据。文件名为「VR04. rd」。

■ 合并（添加合并建筑物模型）

如图 3-139 所示，通过『添加合并』合成配置好全体建筑物模型的数据。合并的数据是『VR-marge2. rd』。合并的数据中保存有景观位置『Bird's-eye view』，选择该景观位置可浏览全景如图 3-140 所示。

图 3-139

图 3-140

3.8　VR 演示

■ 演示设置

进行景观位置的保存，飞行路径的设置，电影脚本的设置等，为演示做准备。

（1）景观位置的保存（如图 3-141、图 3-142 所示）

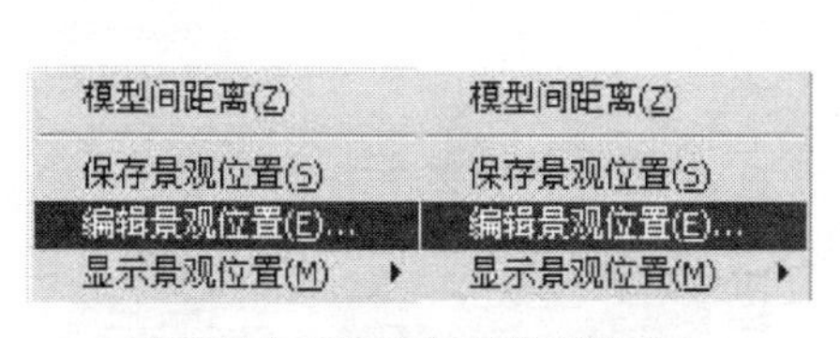

图 3-141

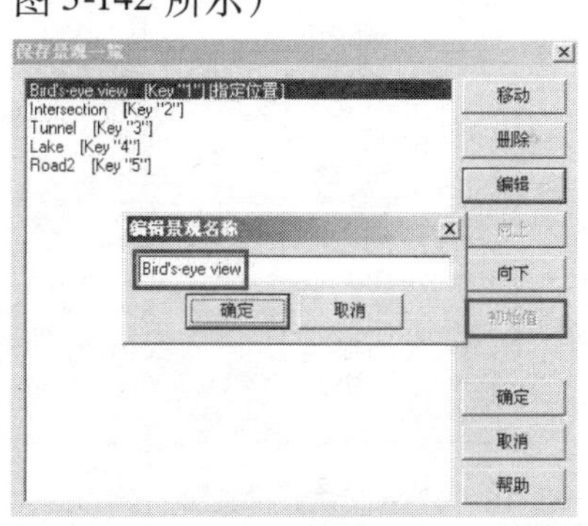

图 3-142

（2）飞行路径的设置

点击进入『道路平面图』，点击图标，通过点击鼠标确定控制点进行飞行路径的制作，如图 3-143、图 3-144 所示。

设置飞行路径时，首先对指定模型选中『控制对象』，如图 3-145 所示，再使用『LOOK AT ME』命令，可锁定目标移动视点，如图 3-146 所示。

（3）脚本设置

点击，新建 -> 加入，逐一添加脚本的内容，如图 3-147 所示。

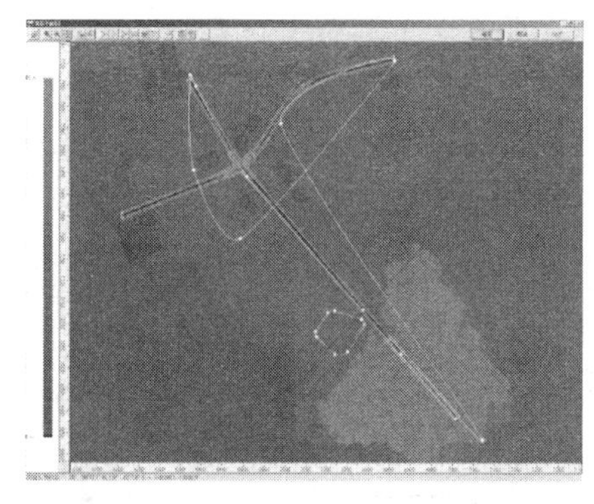

图 3-143

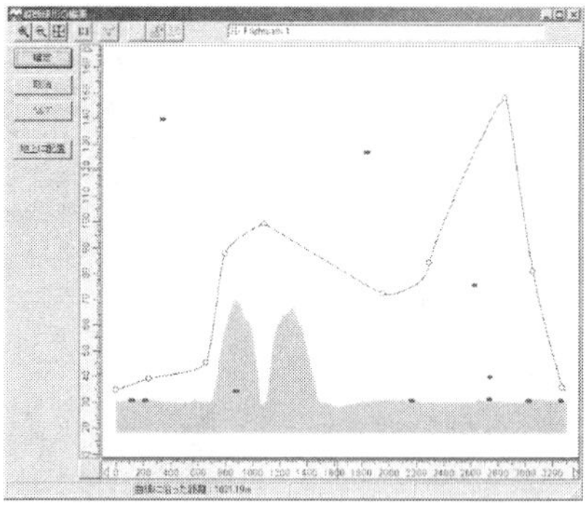

图 3-144

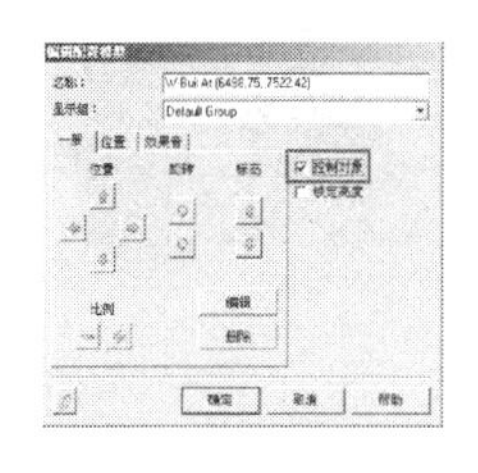

图 3-145

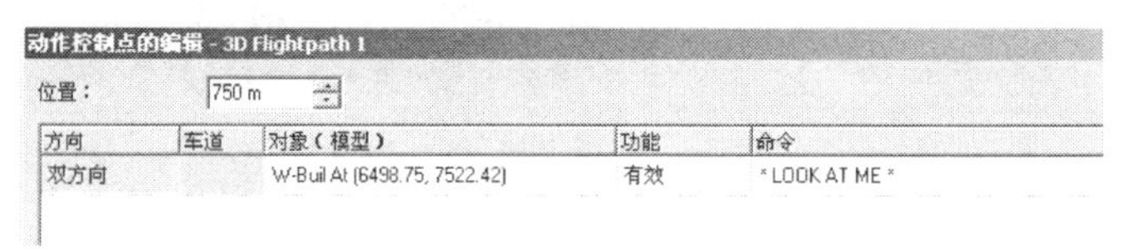

动作控制点的编辑 - 3D Flightpath 1

位置： 750 m

方向	车道	对象（模型）	功能	命令
双方向		W-Buil At (6498.75, 7522.42)	有效	* LOOK AT ME *

图 3-146

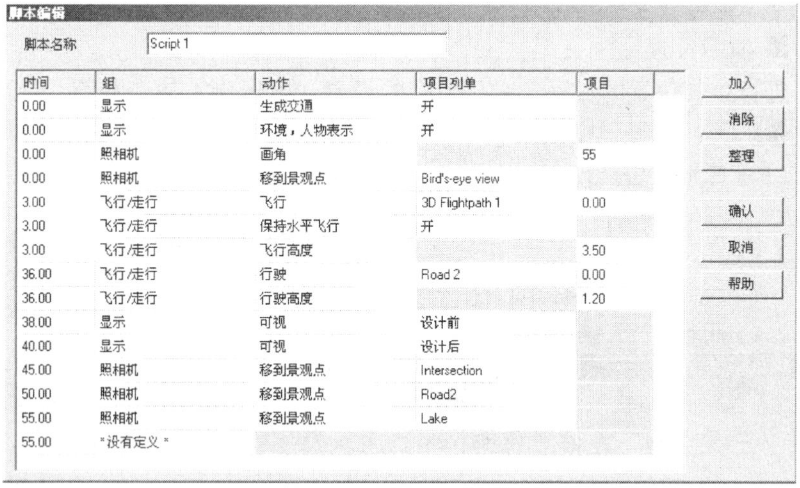

脚本编辑

脚本名称 Script 1

时间	组	动作	项目列单	项目
0.00	显示	生成交通	开	
0.00	显示	环境，人物表示	开	
0.00	照相机	画角		55
0.00	照相机	移到景观点	Bird's-eye view	
3.00	飞行/走行	飞行	3D Flightpath 1	0.00
3.00	飞行/走行	保持水平飞行	开	
3.00	飞行/走行	飞行高度		3.50
36.00	飞行/走行	行驶	Road 2	0.00
36.00	飞行/走行	行驶高度		1.20
38.00	显示	可视	设计前	
40.00	显示	可视	设计后	
45.00	照相机	移到景观点	Intersection	
50.00	照相机	移到景观点	Road2	
55.00	照相机	移到景观点	Lake	
55.00	* 没有定义 *			

加入 消除 整理 确认 取消 帮助

图 3-147

■ 全屏

在演示和协议等场合，使用全屏幕和模拟面板说明可以使参加人员易懂。在主要画面上单击右键指定『模拟面板』如图 3-148 所示。

■ 模拟面板

主画面点击右键，指定模拟面板的功能。点击 『选项』按钮即可显示如图 3-149 所示。

■ 保存景观的复数显示

可以同时显示复数的保存景观，能够从不同的各种视点进行探讨。选择菜单『视图』-『保存景观位置的追加』显示，如图 3-150 所示。

图 3-148

图 3-149

图 3-150

■ 场景设置

在此，设置冲突场景，并测试会发生的情况。在场景工具栏选择『Jump Out』并实行。执行场景示例。如下图 3-151 所示。

1. START

2. 目标物出现

3. 事件发生

4. 结束

图 3-151

保存到此为止的 RoadData，文件取名为「VR5. rd」。

■ AVI 保存

如图 3-152 所示，在［选项］-［AVI 选项］设置 AVI。如图 3-153 可设置宽度、高度、每秒帧数。帧数 30 以上为标准。编解码器控制文件容量、画质等。也可设置编解码器。如图 3-154 所示，主菜单选择［工具］-［开始 AVI 录像］，进行动画录制。此时画面上的任何举动均被录制。结束时选择［结束 AVI 录像］，如图 3-155 所示。此外，也可对脚本进行录像。

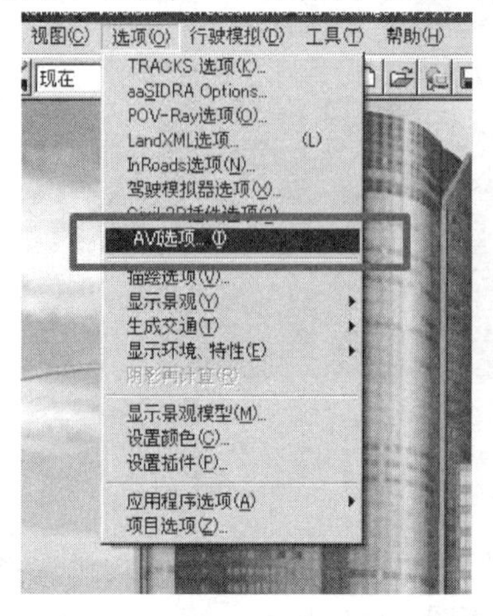

图 3-152

AVI选项
名称
UCwinRoad.AVI
宽度 640
高度 480
每秒帧数 30fps
☐ 图像拉伸 ☐ 維持纵横比
☐ 设定边框
压缩
编解码器：
DIVX ： DivX? 5.2.1 Codec
压缩率
100%
版本信息 选项
确定 取消 帮助

图 3-153

图 3-154

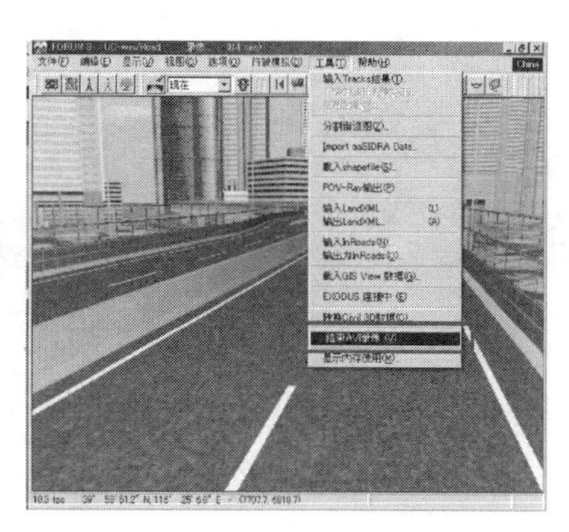
文件(F) 编辑(E) 显示(V) 视图(C) 选项(O) 行驶模拟(D) 工具(T) 帮助(H)
输入Tracks结果(T)
分割前进图(C)..
Import aaSIDRA Date..
载入shapefile(S)..
POV-Ray输出(P)
输入LandXML (L)
输出LandXML (A)
输入InRoads(N)
输出为InRoads(O)
载入GIS View 数据(G)..
EXODUS 连接中 (E)
显示内存使用(M)

图 3-155

第 4 章　建筑单体仿真

如何展现利用建筑设计软件设计出来的建筑呢？下面这一章我们以斯维尔 Arch2010 建筑设计软件为例，讲解建筑单体仿真的制作。项目制作流程如下：

4.1　Arch2010 建筑模型处理

■ 三维楼层组合

如图 4-1 所示，我们已经绘制好的一幢教学综合楼的 5 层平面图，包括地下室平面图、首层平面图、二层平面图、三层平面图和屋顶平面图。

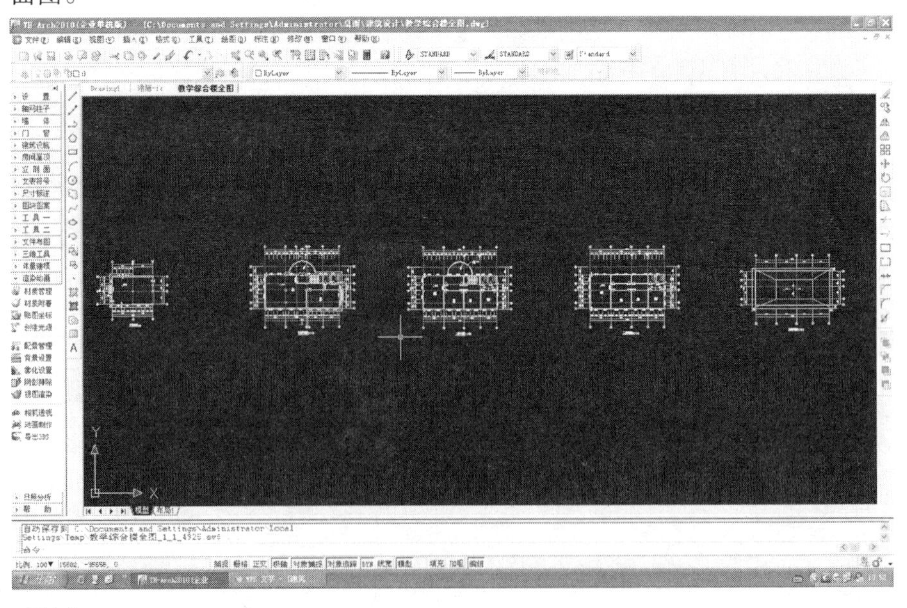

图 4-1

首先进行建筑模型的三维组合，组合完成之后，得到如图 4-2 所示的模型。

■ 单位比例缩放

由于建筑设计图采用的单位是 mm 制，而虚拟现实软件 UC-win/road 默认的单位为 m 制，需在 Arch2010 中将模型缩小 0.001 倍。在命令行输入 scale，框选整个建筑物作为选择对象，然后再指定基点，输入指定的比例因子 0.001，可以得到以 m 为单位的建筑物模型，如图 4-3 所示。

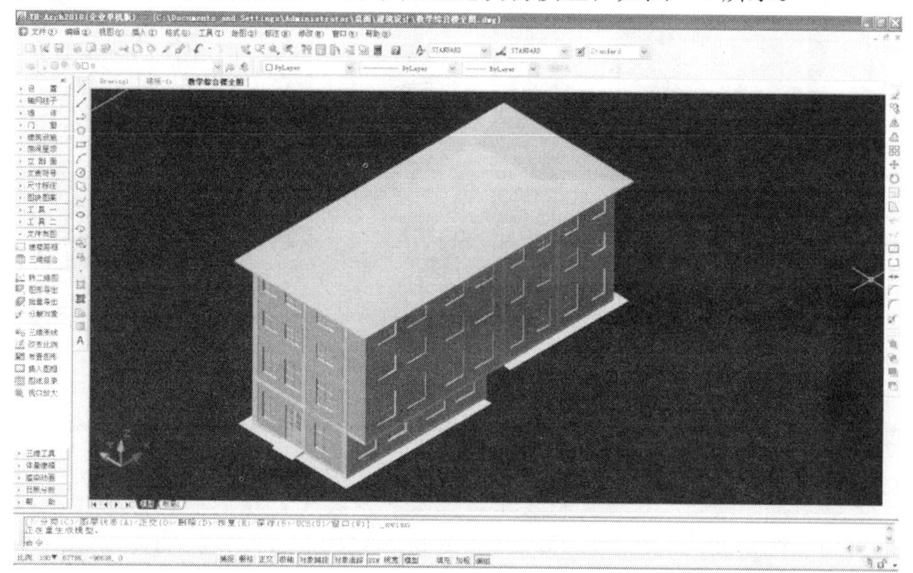

图 4-2

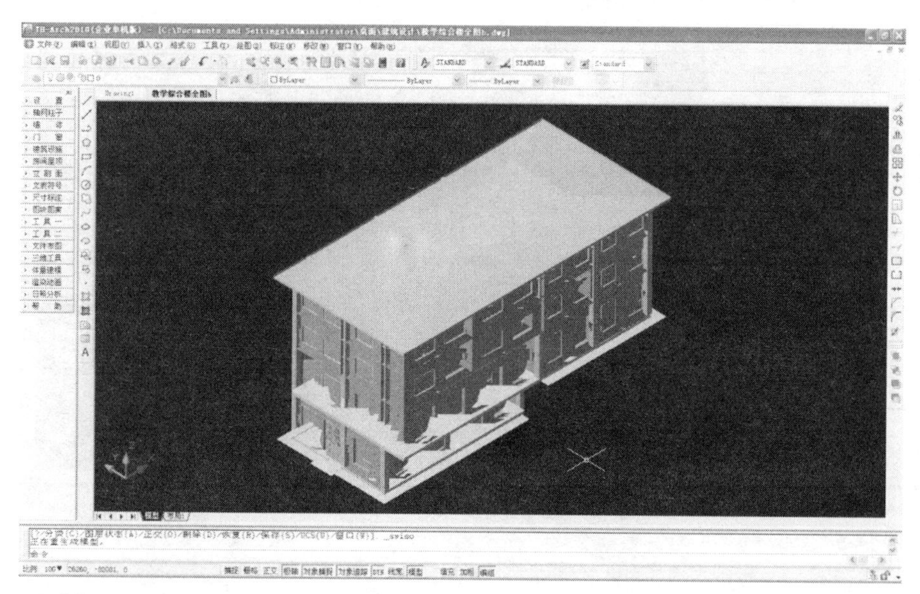

图 4-3

■ 材质附着

在材质附着之前，先对材质库文件进行材质管理和材质编辑。材质管理的屏幕菜单命令：【渲染动画】→【材质管理】，或直接在命令行输入 CZGL。这里说的材质管理，是对磁盘上的材质库文件和材质库内的材质进行管理。材质管理编辑对话框如图 4-4 所示。

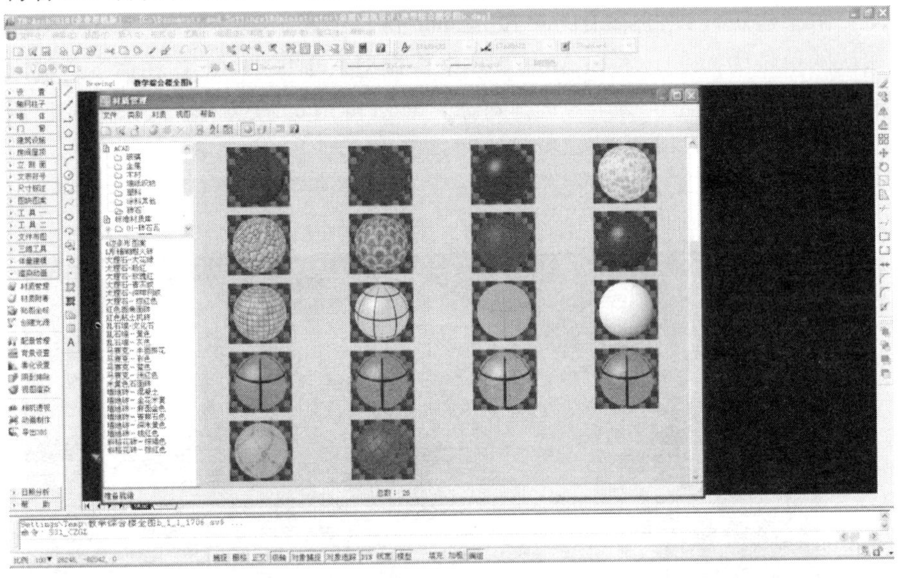

图 4-4

建筑单体的材质往往比较复杂，在实际情况中，我们需要对某一些构件的局部材质进行调整。以修改柱子的材质为例，首先，我们可以隐藏不需要的图层，只留下柱子的图层。如图 4-5 所示。

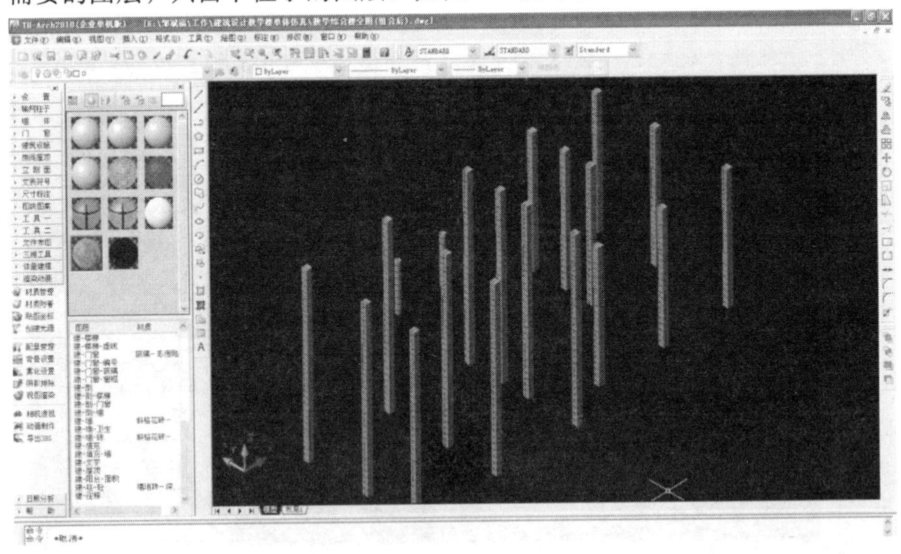

图 4-5

柱子是个整体，想对局部进行材质修改，首先需要将柱子离散，需要在命令行输入 explode，把组合成的柱子炸开成单独的个体，如图 4-6 所示。

这时可以看到的柱子已经分开成一根根，这时我们需要再一次在命令行输入 explode 命令，把柱子炸开成六个单独的面，如图 4-7 所示。

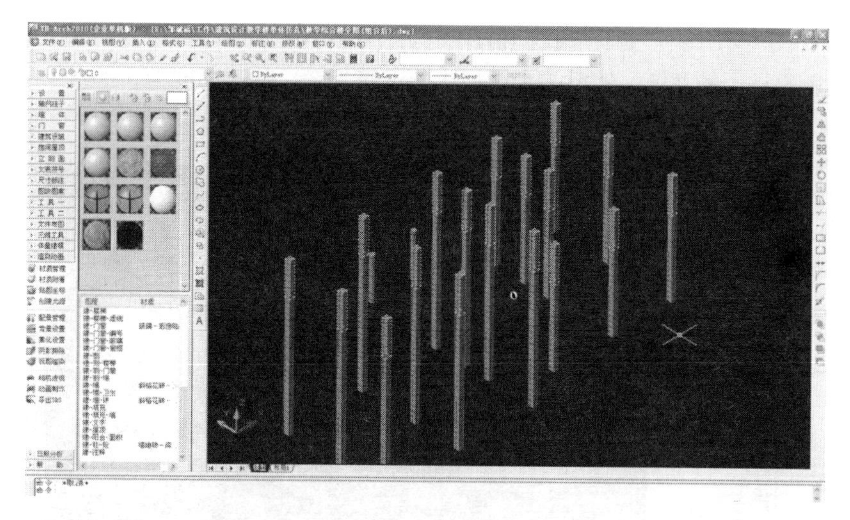

图 4-6

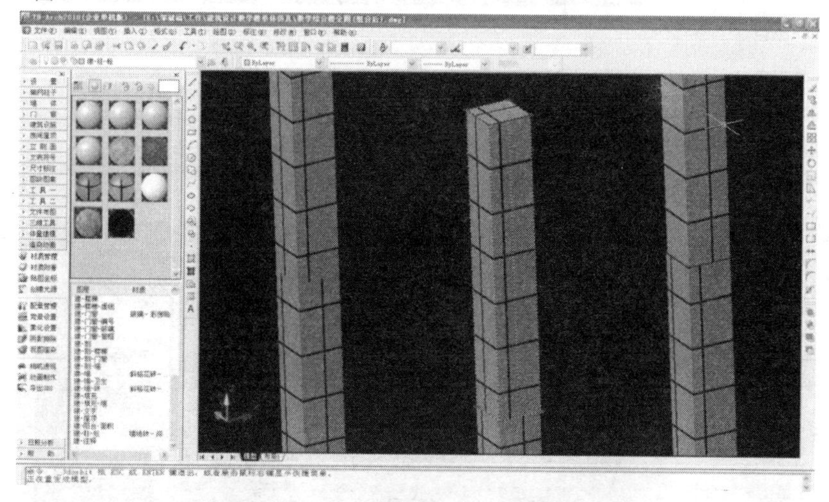

图 4-7

选中其中一个面，然后删除，如图 4-8 所示。

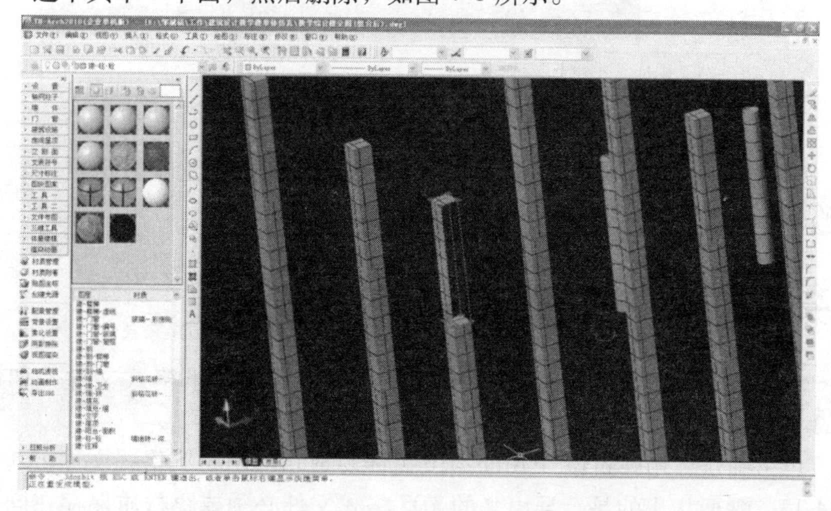

图 4-8

如图 4-9 所示，接下来我们再用 PL 线再补全这个面，在命令行输入 PL，长度就是柱子的宽度。然后按 Ctrl +1，打开特性表，修改高度为 3300。

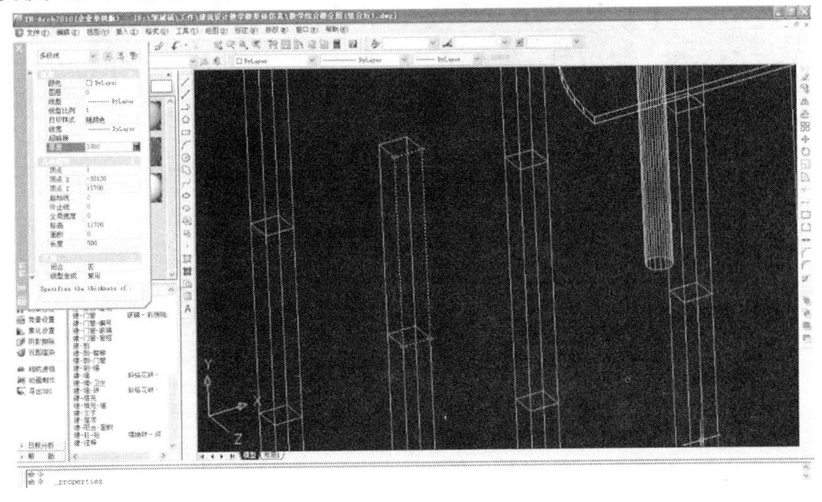

图 4-9

最后我们给这个面附着材质，如图 4-10 所示。

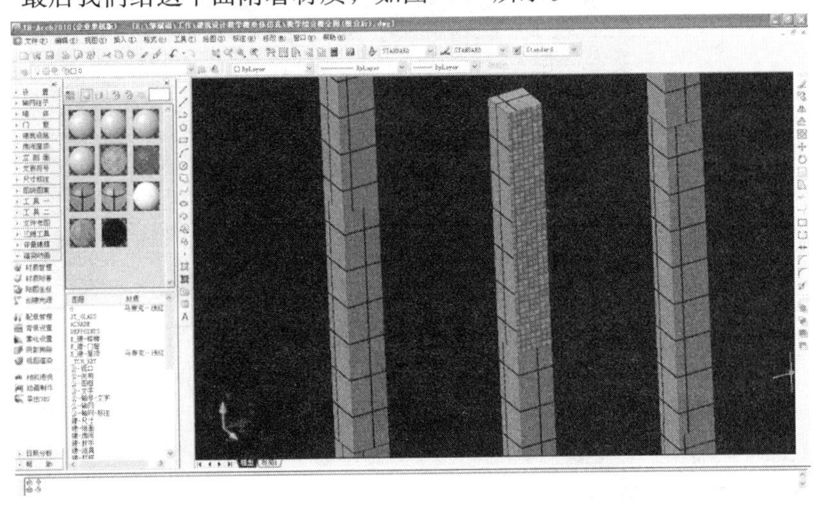

图 4-10

同理，如果我们需要修改其他面的材质，都可以用这个方法进行。最后修改完成之后得到如图 4-11 所示的模型。

4.2　3DS 格式文件导出

材质附着完成之后，框选整栋建筑物，以导出 3DS 格式文件，如图 4-12 所示。

单击确定，用建筑设计 Arch2010 就能够成功导出 3DS 格式文件了。如图 4-13，需要指出的是，导出来的 3DS 格式文件必须要跟材质保存在同一文件夹，否则导出来的 3DS 格式文件的材质有可能丢失。

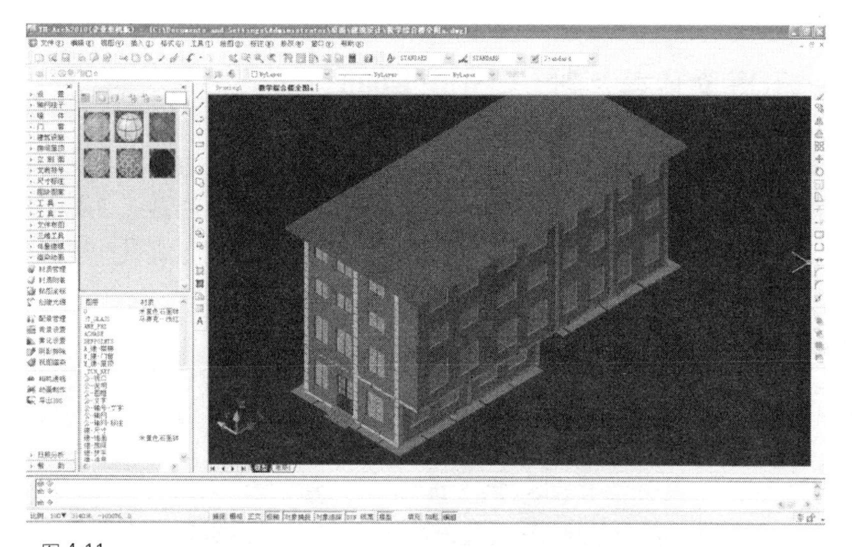

图 4-11

图 4-12

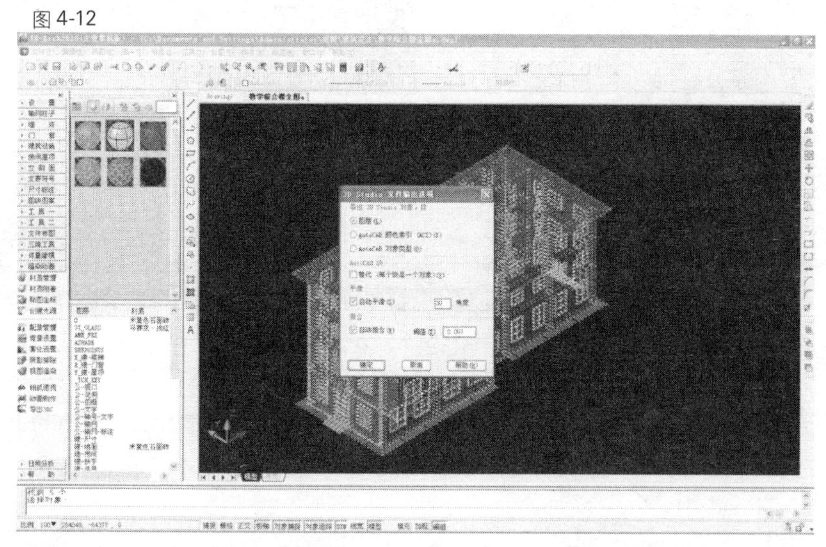

图 4-13

4.3 3DS 文件导入到 UC-win/Road

我们把所有文件放在同一个文件夹下，点击 UC-win/Road 上方菜单栏中的文件选项，选择载入 3D 模型或直接点击工具栏上的载入 3D 模型图标，进入图 4-14 所示的对话框，单击 3DS 按钮，找到用建筑设计软件导出来的 3DS 模型，如图 4-15 所示。

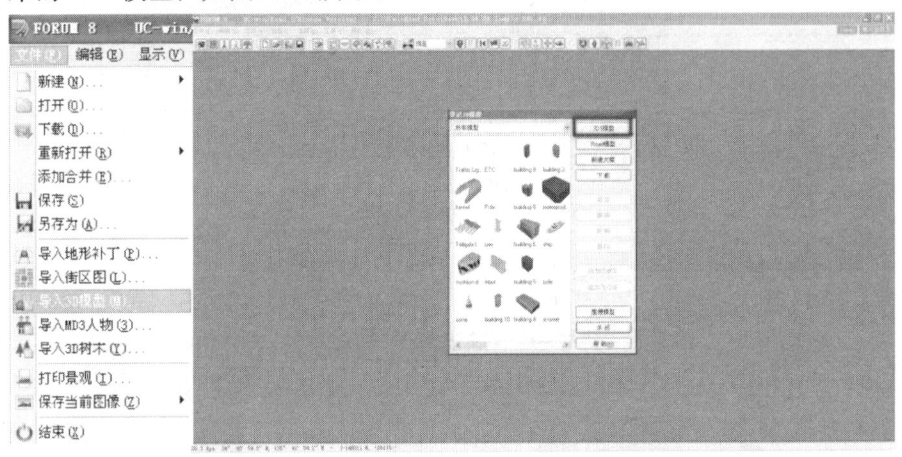

图 4-14

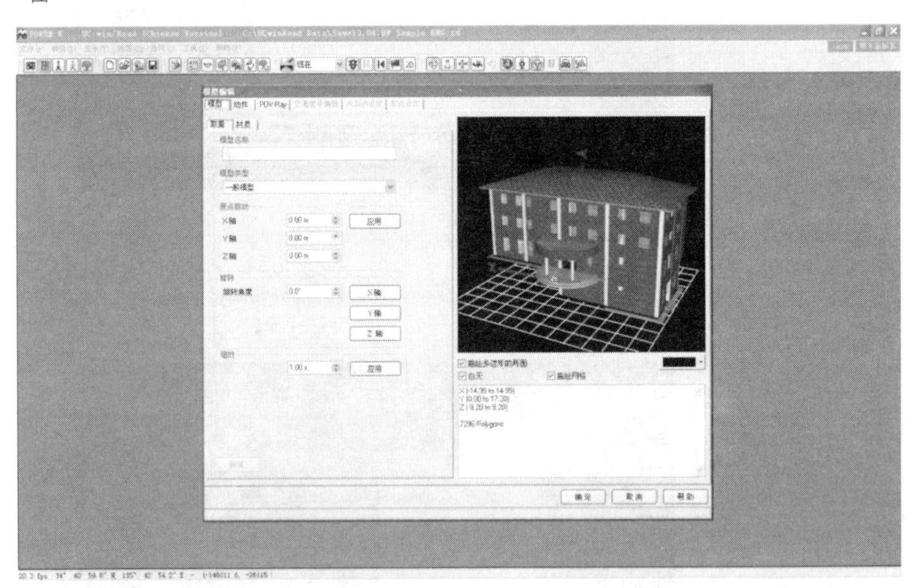

图 4-15

这里值得注意的是，根据实际情况，需要改变材质的比例大小与其他参数设置，如图 4-16 所示。单击确定之后，3DS 格式文件就成功导入到 UC-win/Road 中。

点击配置模型按钮，把导入的 3DS 模型配置到 UC-win/Road 中去，如图 4-17 所示。

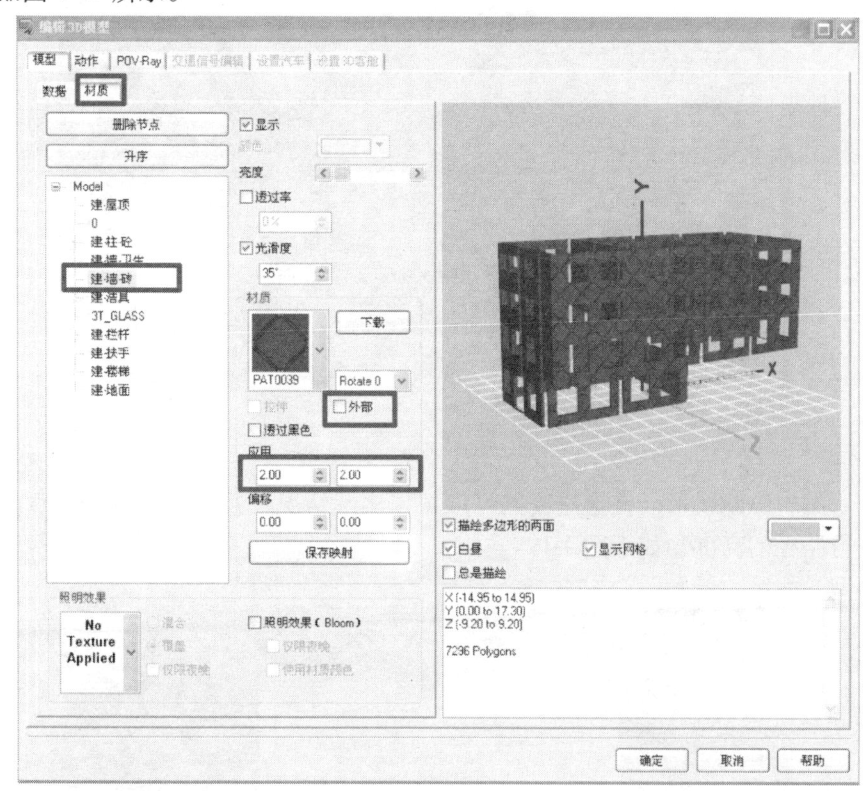

图 4-16

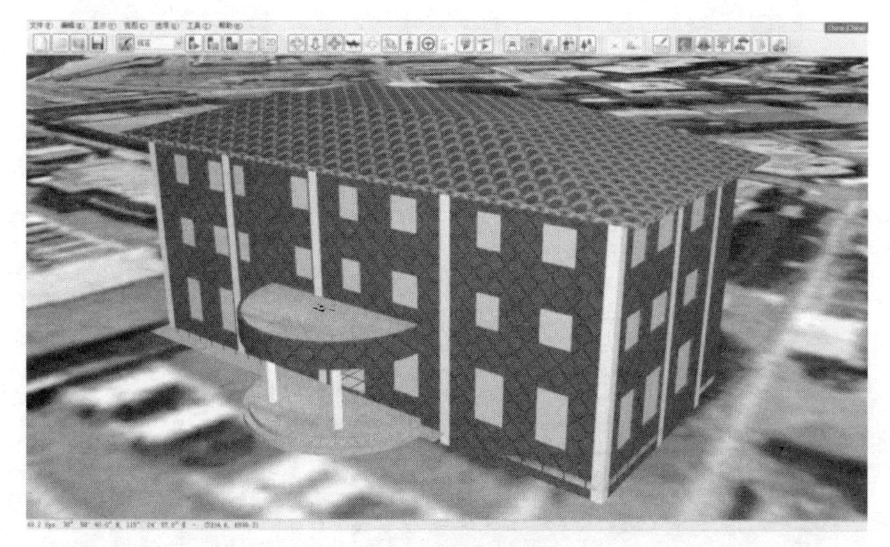

图 4-17

建筑单体导入到 UC-win/Road 中之后，我们就可以对其进行各种模拟仿真。在道路平面图下，我们定义一条飞行路径，命名为“教学楼仿真路线”，如图 4-18 所示。

图 4-18

编辑纵断线形。在这里我们可以根据实际情况，视觉效果等因素调整飞行路径的高度。如下图 4-19。

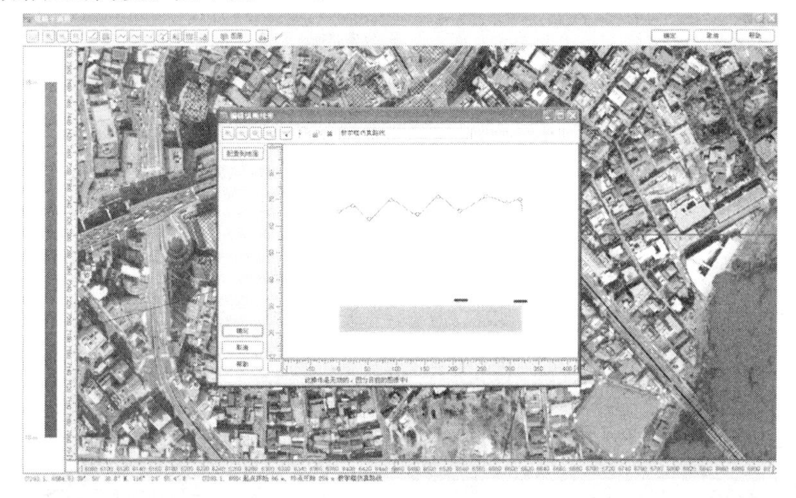

图 4-19

点击确认后，回到主画面，如下图 4-20。

图 4-20

4.4 VR 展现

定义完飞行路径之后，可以进行一个简单的飞行路径设置，如图 4-21 所示。

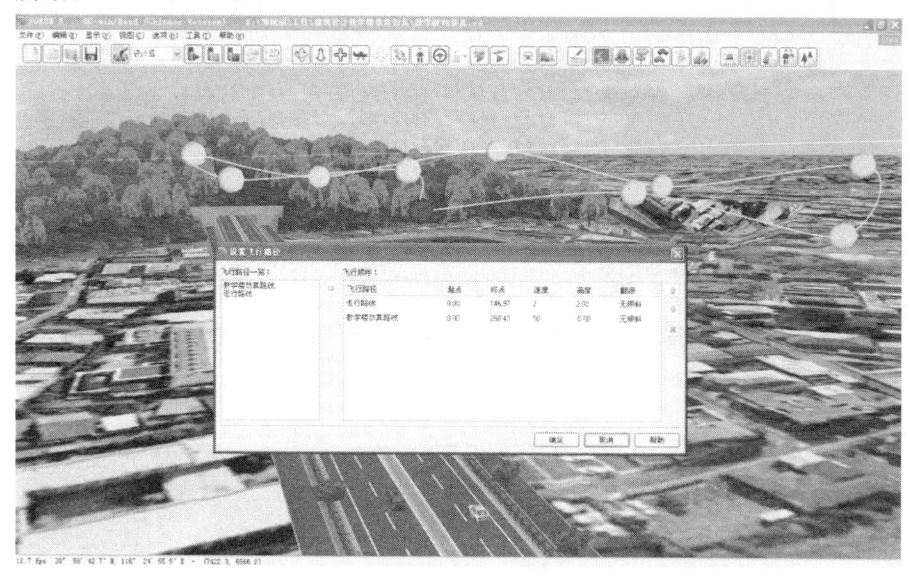

图 4-21

设置完一系列参数之后，就可以对单体教学楼进行一个简单的模拟了。最后，我们给单体教学楼登记一个脚本。如图 4-22、图 4-23 所示。

到此为止，保存 Road 数据，文件名为［教学楼 VR 仿真 . rd］。

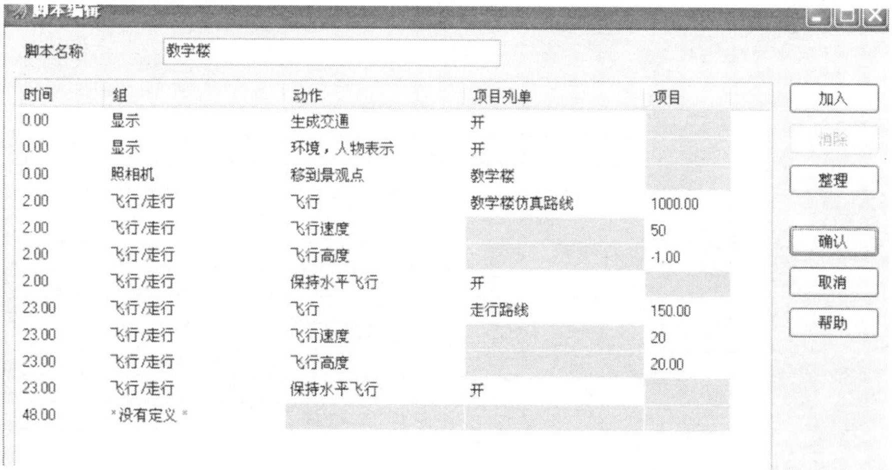

脚本编辑

脚本名称　教学楼

时间	组	动作	项目列单	项目
0.00	显示	生成交通	开	
0.00	显示	环境，人物表示	开	
0.00	照相机	移到景观点	教学楼	
2.00	飞行/走行	飞行	教学楼仿真路线	1000.00
2.00	飞行/走行	飞行速度		50
2.00	飞行/走行	飞行高度		-1.00
2.00	飞行/走行	保持水平飞行	开	
23.00	飞行/走行	飞行	走行路线	150.00
23.00	飞行/走行	飞行速度		20
23.00	飞行/走行	飞行高度		20.00
23.00	飞行/走行	保持水平飞行	开	
48.00	*没有定义*			

加入　消除　整理　确认　取消　帮助

图 4-22

图 4-23

第 5 章　互通式立交 VR 模拟

在道路设计中，互通式立交是很常见的道路处理手法，它的设计方式能保证相交道路的车流通畅，设计处理也比较简单，建设成本也相对低廉，因此良好的立体交通是现代社会建设发展的趋势和必然。我们运用虚拟现实软件 UC-win/Road 可以非常完美地展现立体交通的各个要素，包括车流量分析、地形环境、道路景观设置等。下面我们讲解互通式立交的 VR 制作。

5.1　道路断面制作

■ 数据载入

打开事先准备好的数据『VR01(cy).rd』。打开之后如图 5-1 所示。两条路立体交叉，两个方向的车流完全独立。现在我们要做的就是通过匝道将这两条道路接连起来。

图 5-1

■ 制作分流断面

分流断面有三种情况：向左边分流、向右边分流、向左右分流。首先制作左分流断面。点击进入编辑道路面板，然后选择用右键单击 Road1，见图 5-2，弹出对纵断面编辑的窗口。

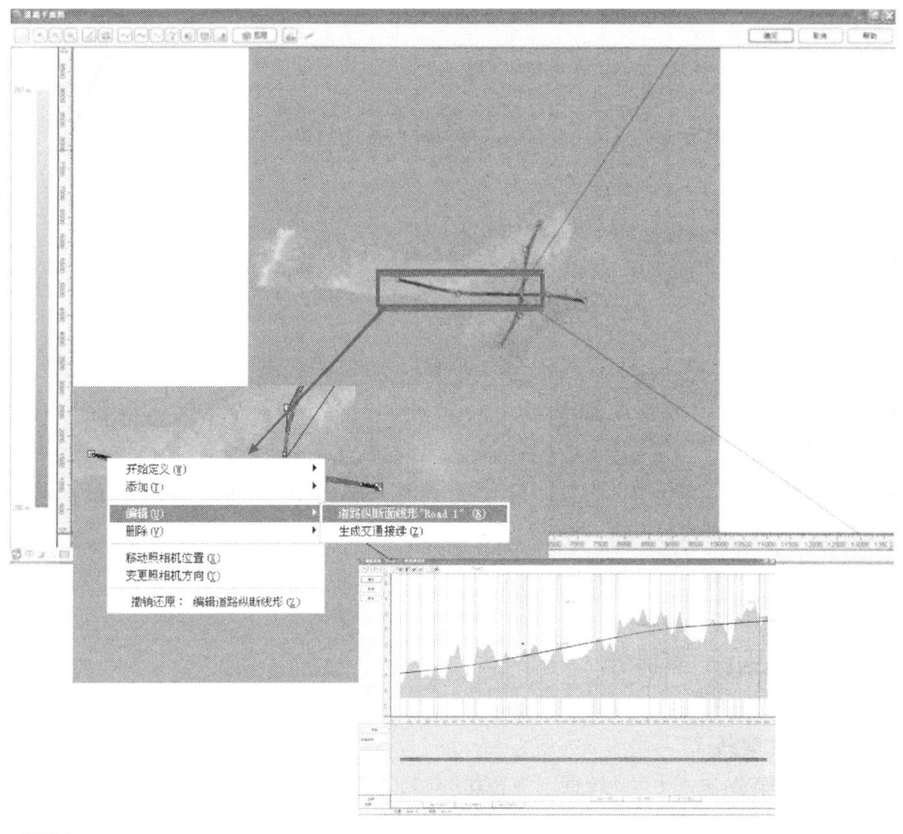

图 5-2

根据 CAD 资料在交叉口附件选择一条合适的断面作为主断面，并以此为基础断面来制作分流断面。点击 ［根据列表编辑］按钮，我们选择“K39-510”作为基础断面来制作分流断面。(见图 5-3)

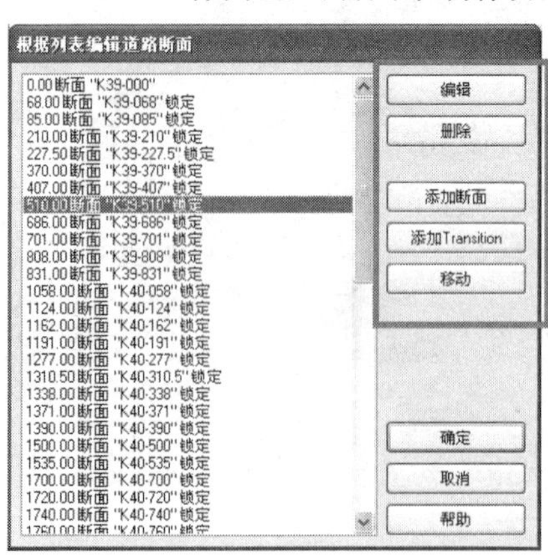

按钮功能简要介绍：

[编辑]、[添加断面]、[添加 Transition]、[移动]

点击[编辑]键进行编辑；

点击[添加断面]键可以添加断面；

点击[添加 Transition] 键 当车道数发生变更时、车道宽度变更时使用

点击[移动] 键进行断面位置移动调整

图 5-3

单击［编辑道路断面］ 按钮，打开［登记道路断面］画面如图 5-4。在纵向线形编辑的画面和三维动画画面均能进行断面的编辑。

按钮功能简要介绍：
[新建]、[新建组]
断面可按组管理、鼠标右键或拽动可移动断面的位置

按钮功能简要介绍：
[保存]、[复制]、[编辑]
保存制作好的断面，必要时可导入利用。
对相似的断面，可通过先复制再修改使用；
对已建的断面，可点击[编辑]键进行编辑。
※默认准备的4个标准断面无法编辑，可以复制后利用

图 5-4

通过［导入］可导入利用之前保存的断面。选择“K39-510”，然后点击［复制］按钮，弹出道路断面编辑画面，修改断面名字：K39-511。首先要向左边分流，必须要向左增加车道以及间隙带，所以必须扩宽左边的行车道，将左侧车道拓宽 -11m，横断面坡度保持为 -2%，车道数增为 4，并进行车道详细设置。桥梁断面也相应进行拓宽，如图 5-5 所示。

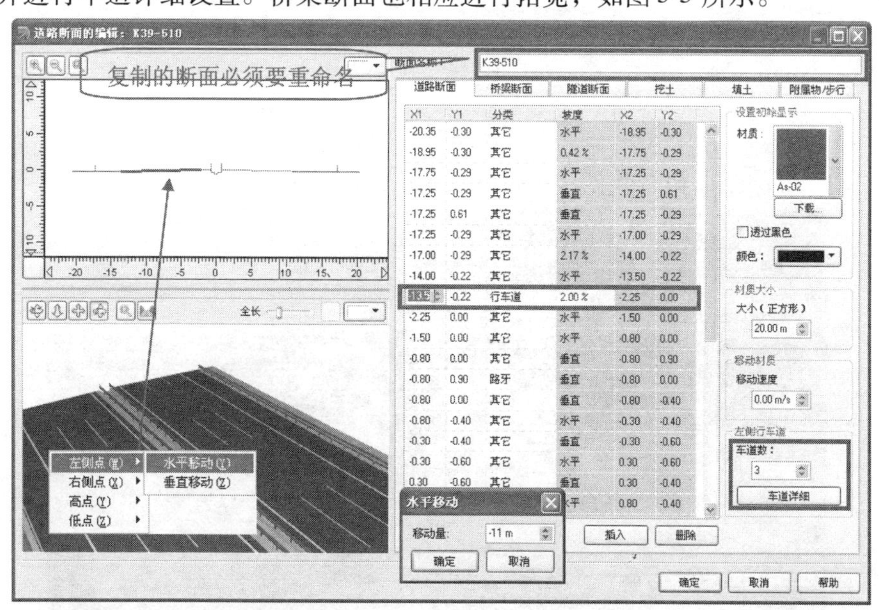

图 5-5

变更车道数为 4，在点击［车道详细］按钮，打开［车道详细］画面如图 5-6 所示。注意：合计宽度必须要和车道宽度相等。

填土、挖土、小段的设置如图 5-7。指定挖土的角度、高度、宽度、圆滑角度。（填土方也可进行相同设置）选择颜色和材质。对道路左右侧可分别设置。

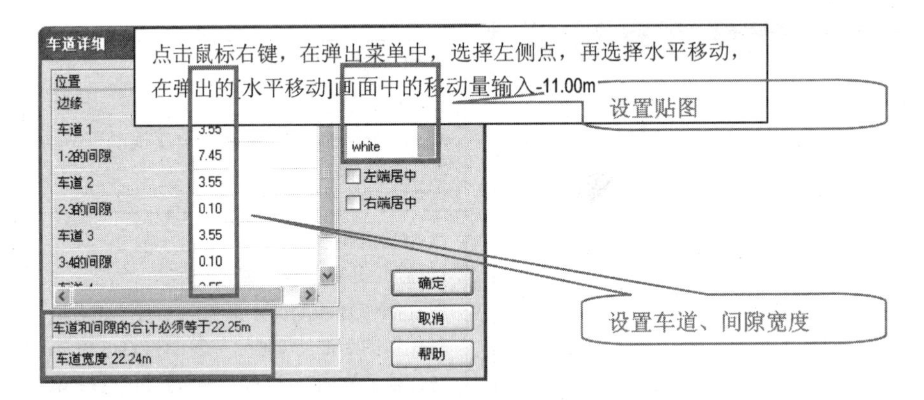

图 5-6

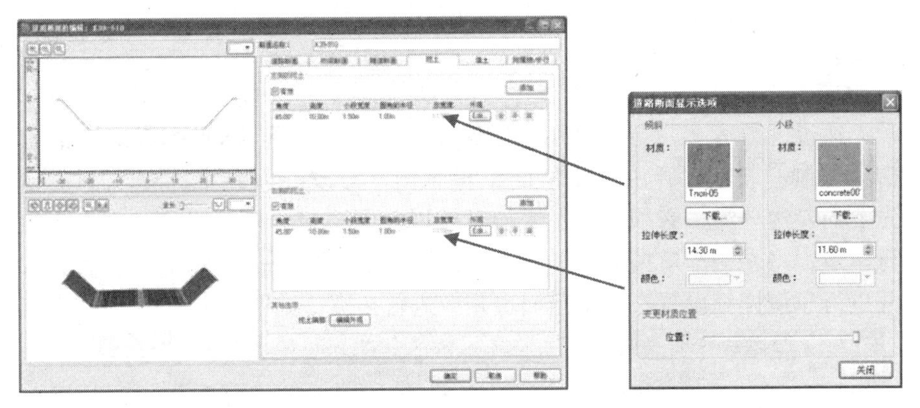

图 5-7

编好的断面放在数据中进行观察确认。（见图 5-8）

图 5-8

按照上面的方法再定义出向右边分流断面、向左右分流断面，并重命名。将制作好的断面应用到道路。单击［根据列表编辑］按钮，打开［根据列表编辑道路断面］画面（见图 5-9）。

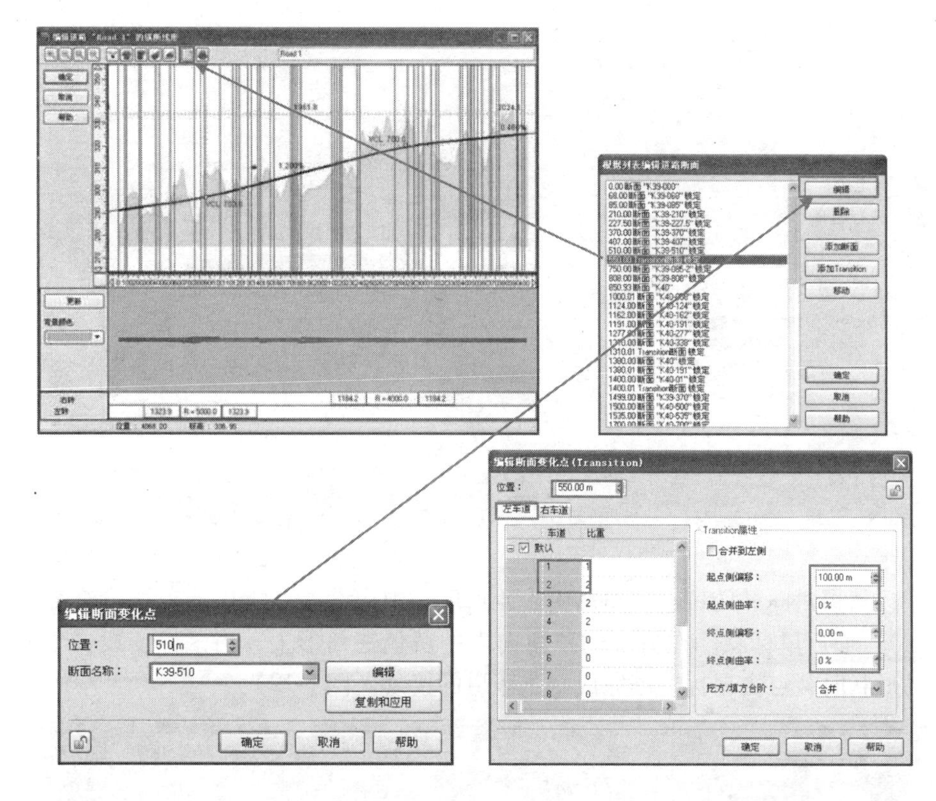

图 5-9

Transition 的编辑画面中，分别按左车道、右车道对『开始偏移』、『结束偏移』进行设置。由此，按行车方向根据加速车线和减速车线的长度不同，可方便地分别设置渐变区间的位置。当通过 Transition 渐变，车道数发生增加时，可设置新增车道与原先车道的车辆分流比率。如图 5-10 所示可以看到，左侧车道在匝道出口处从 2 车道增为 3 车道。从外侧算起是第一车道。这里我们把默认的比率设置为 1∶2。

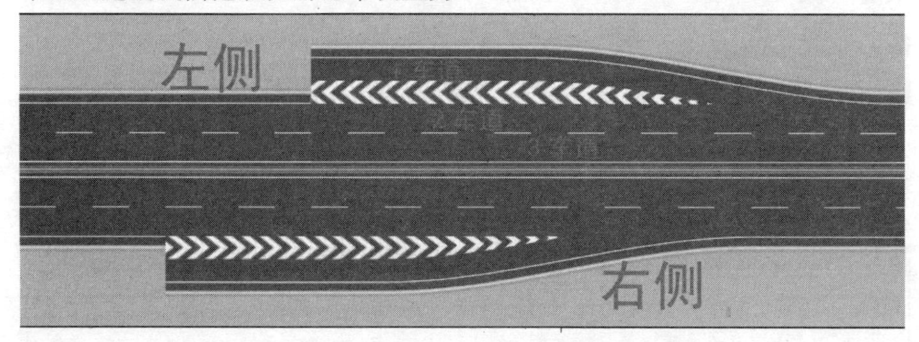

图 5-10

5.2 定义匝道

打开数据『VR02(cy).rd』，将鼠标的光标悬停在黄色三角形箭头上，点击右键『开始定义——定义出口匝道』(图 5-11)。

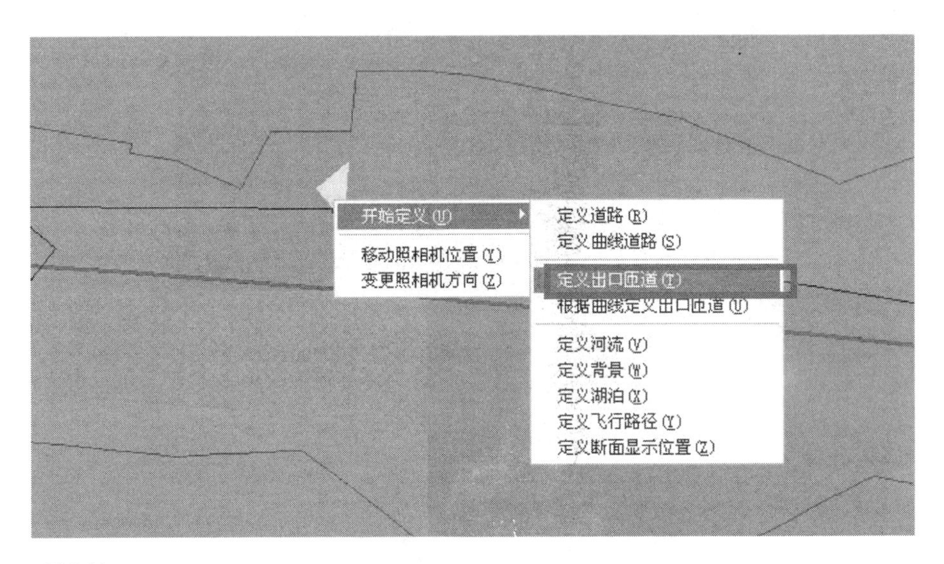

图 5-11

从顶角向外的黄色三角形引出匝道后，中途设置一处 IP 点（方向变化点），而后鼠标悬停在另一侧顶角向内的黄色三角形上，当鼠标变成握手的形状时，点击鼠标左键完成一条匝道的接续（图 5-12）。

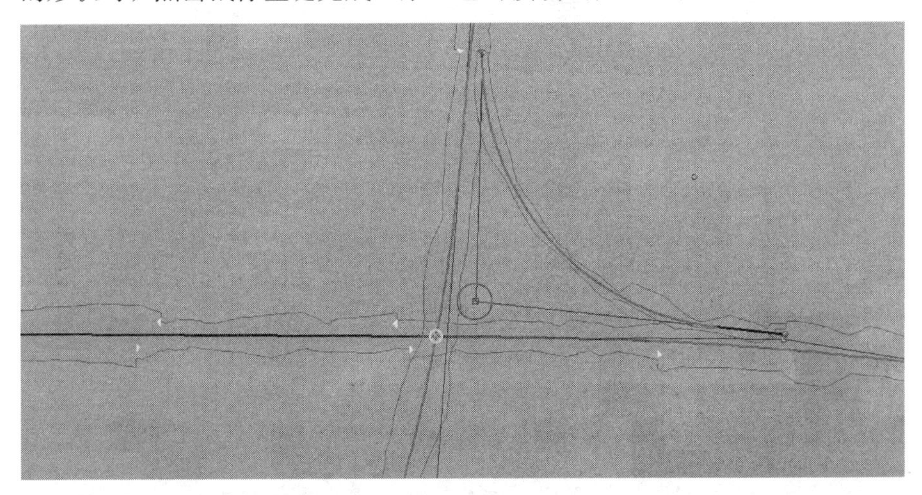

图 5-12

中间方向变化点的参数设置如下。坐标：Loca X = 5862. 33 Y = 4973. 31；类型：圆；参数：半径 = 400. 00m（图 5-13）。

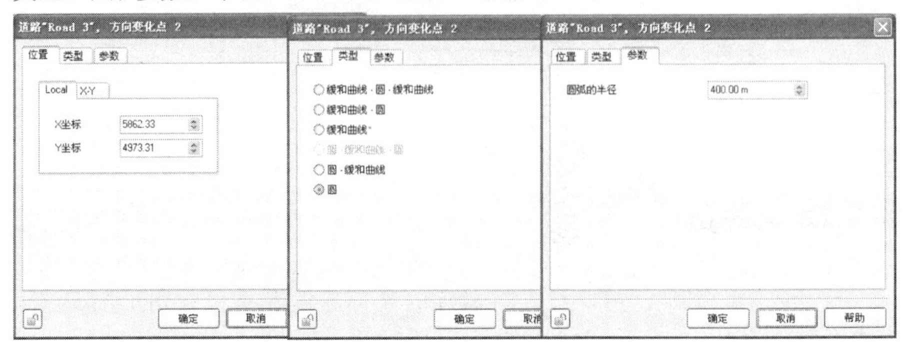

图 5-13

其他的匝道也按相同方法引出出口匝道后，确定中间的方向变化点，鼠标悬停在黄三角上，出现提示后点击接续，如图 5-14 所示。需要特别注意的是，主线可以左右分流，但匝道上只能向右分流，不能向左分流，故连匝道前要清楚线路走向。

图 5-14

匝道的纵断面线形因为起点和终点的位置都受到限制，调整的原则为接续部分不出现断痕，连接顺畅即可（图 5-15、图 5-16）。

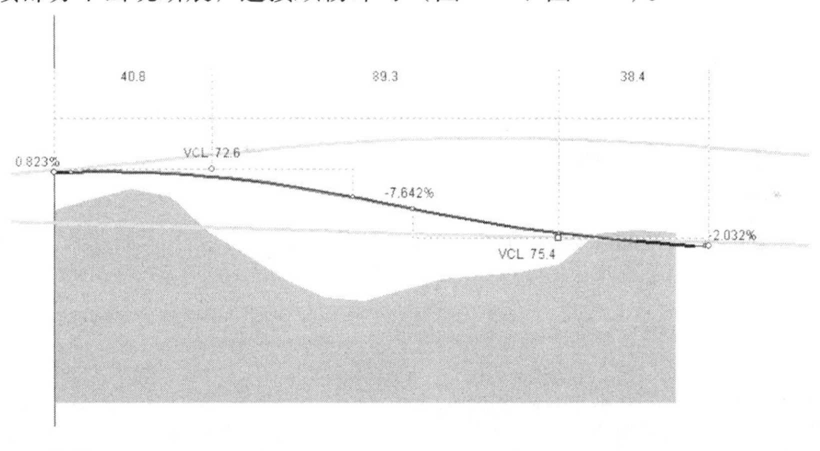

图 5-15

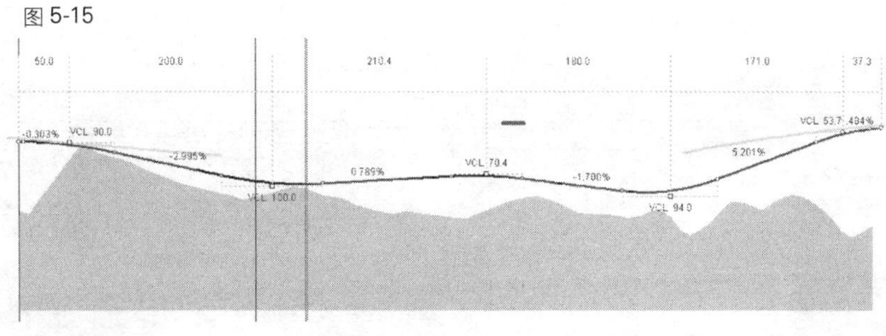

图 5-16

定义匝道断面。匝道断面应该和主线断面的宽度和坡度保持一致（图 5-17）。

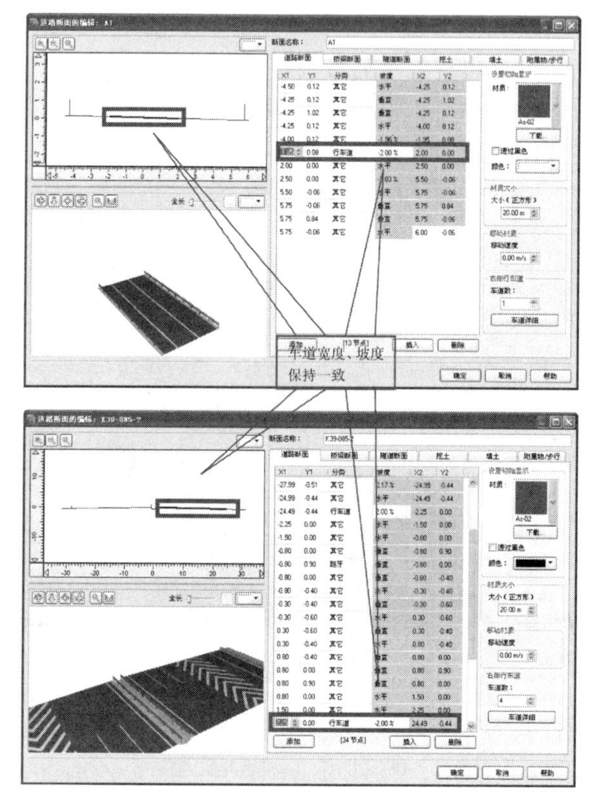

图 5-17

5.3 配置道路附属物

匝道桥梁部分需要配置桥墩。点击将模型作为道路附属物配置到两条匝道下面（图 5-18）。

图 5-18

实际行驶、确认匝道的各个接续部位是否顺畅，如图 5-19 所示。

图 5-19

把所有的匝道连接好之后，得到图 5-20 所示的道路形状。

图 5-20

切换景观位置点，生成交通流进行检查如图 5-21 所示。

操作到此保存数据，取名为『VR03(cy).rd』。

图 5-21

第 6 章　地下连续挡土墙施工 VR

6.1　施工器械建模

■ 器械设备建模

此项目案例是讲述地下连续挡土墙的施工模拟。在整个模拟中，施工设备是最重要的因素。一般的器械在 UC-win/Road 的登录模型库中可以找到，比如混凝土泵车、推土机、混凝土搅拌车等。特殊的施工器械则需要我们利用 3Dmax 进行器械设备建模。3Dmax 的建模在这里不展开详细讲解。图 6-1 是建好的带有特殊爪子的履带起重机。

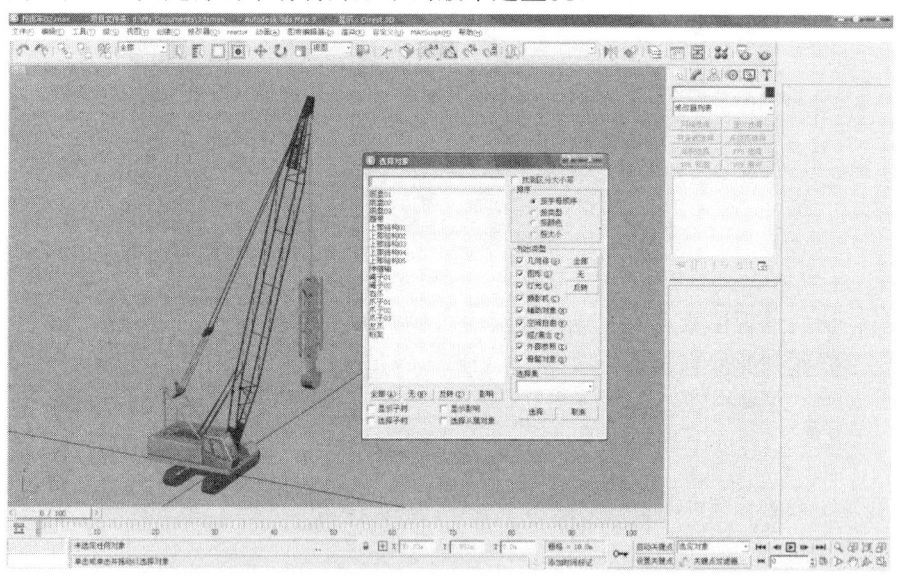

图 6-1

6.2　施工器械可动设置

■ 导入 UC-win/Road

模型建好之后，导出成 3ds 格式文件，和前面讲述的一样，通过 UC-win-Road 读入，如图 6-2 所示。

编辑3D模型

模型 | 动作 | POV-Ray | 交通信号编辑 | 设置汽车 | 设置驾驶舱

数据 | 材质

模型名称

履带起重机

模型类型

一般模型

移动原点

X轴方向 0.00 m

Y轴方向 0.00 m 应用

Z轴方向 0.00 m

旋转

旋转角度： 0.0°

X轴旋转 Y轴旋转 Z轴旋转

比例

X轴 Y轴 Z轴

1.00 x 应用

测试

描绘多边形的两面

白昼 显示网格

总是描绘

X (-6.80 to 6.80)
Y (0.00 to 27.98)
Z (-3.72 to 3.72)

4112 Polygons

在路径层次上必须设置1个以上的模型部件。

确定 取消 帮助

图 6-2

■ 器械部件设置

选择动作选项卡，如图 6-3 所示。在进行部件的动作设置之前，我们需要先对器械的动作进行分析。起重机可以前进后退，上部结构可以旋转，挖泥的爪子可以上下移动，爪牙可以张开闭合。根据我们所需的这几个动作，我们来对起重机的各个部件进行层级划分。

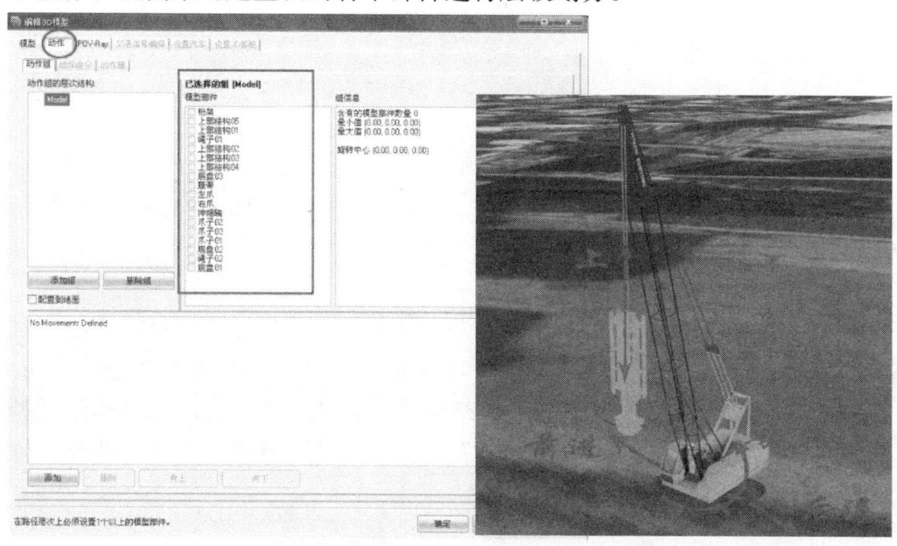

图 6-3

器械部件层级划分如图 6-4：

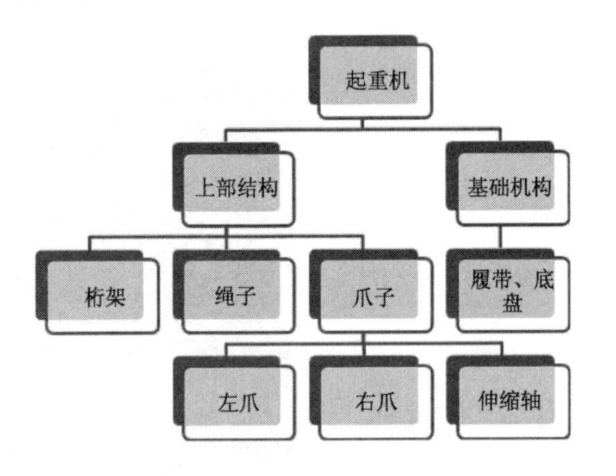

图 6-4

根据上面的层级关系，进行编辑设置如图 6-5 所示：

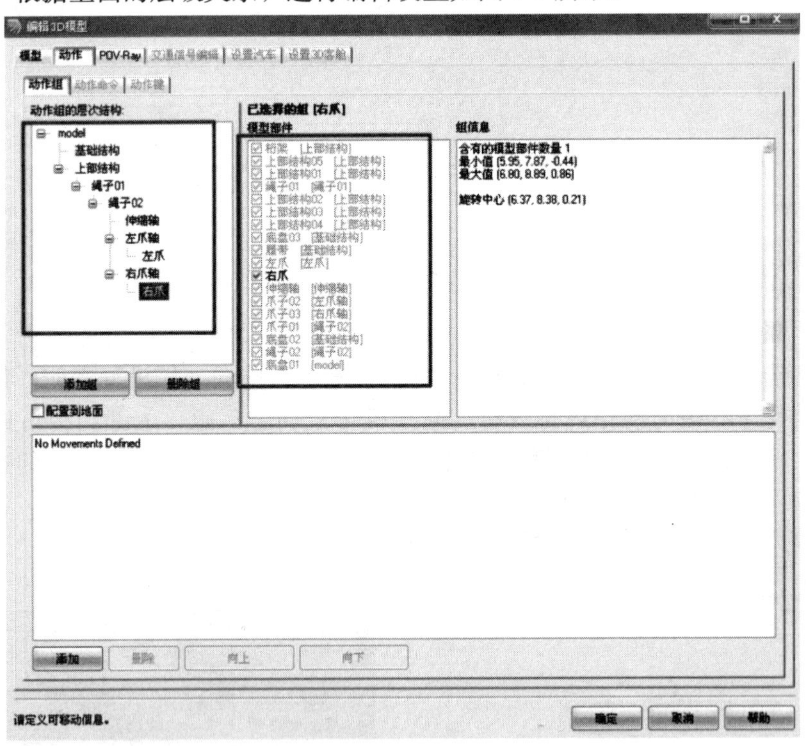

图 6-5

设置各层级的运动模式。在可动模型中，由三维坐标的直线移动和旋转构成所有的动作。首先设置器械的前进与后退，判断器械移动的轴向。选中“model”，然后点击添加，修改动作名称为“前进”，修改动作类型为“移动”，方向轴选择“Z”，这样就完成了器械的移动方式：沿着 Z 轴直线移动，如图 6-6 所示。

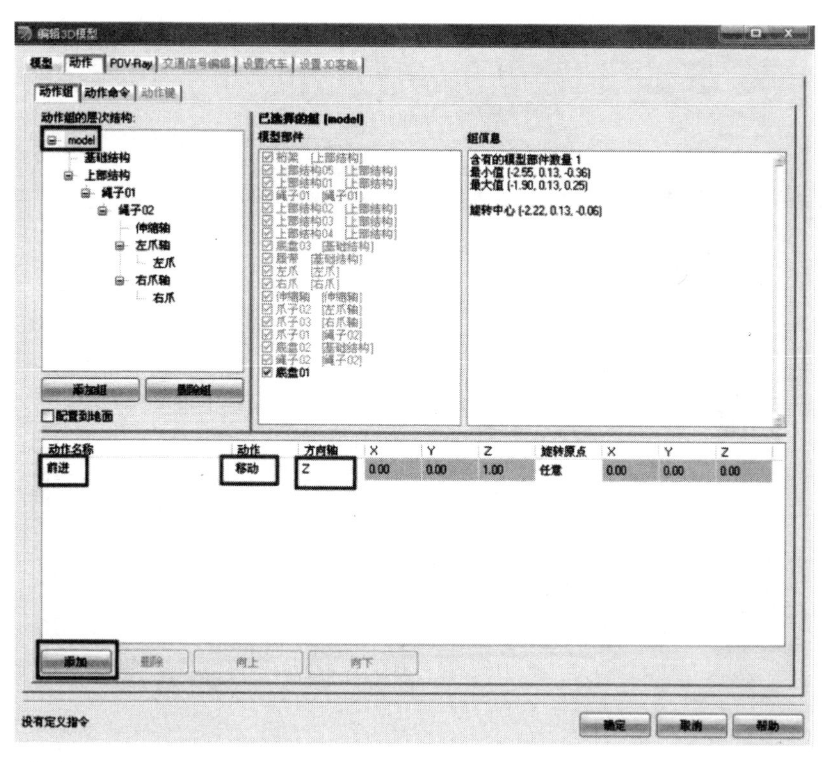

图 6-6

同理设置其他部件的动作，最后完成如图 6-7、图 6-8 所示。

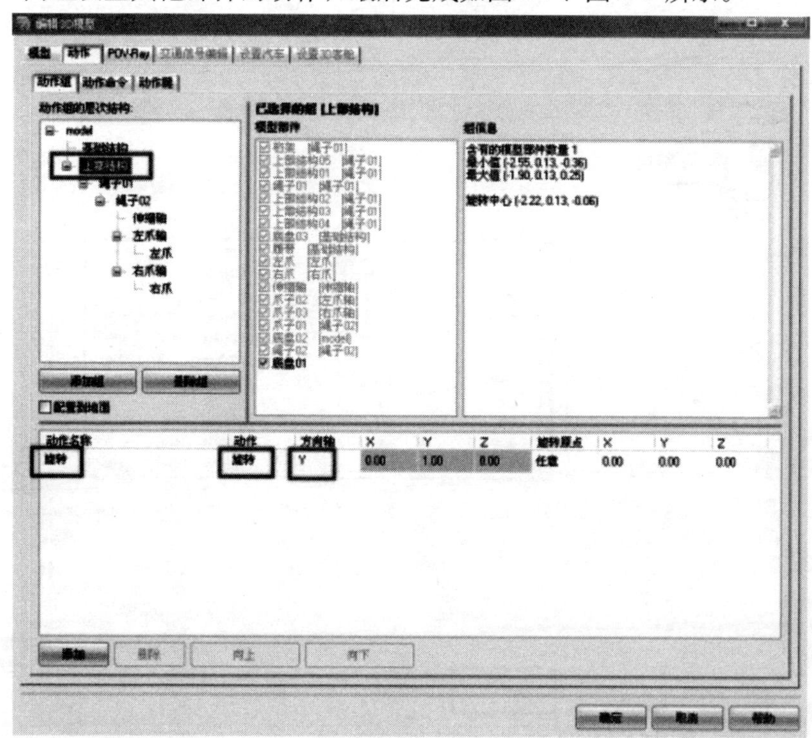

图 6-7

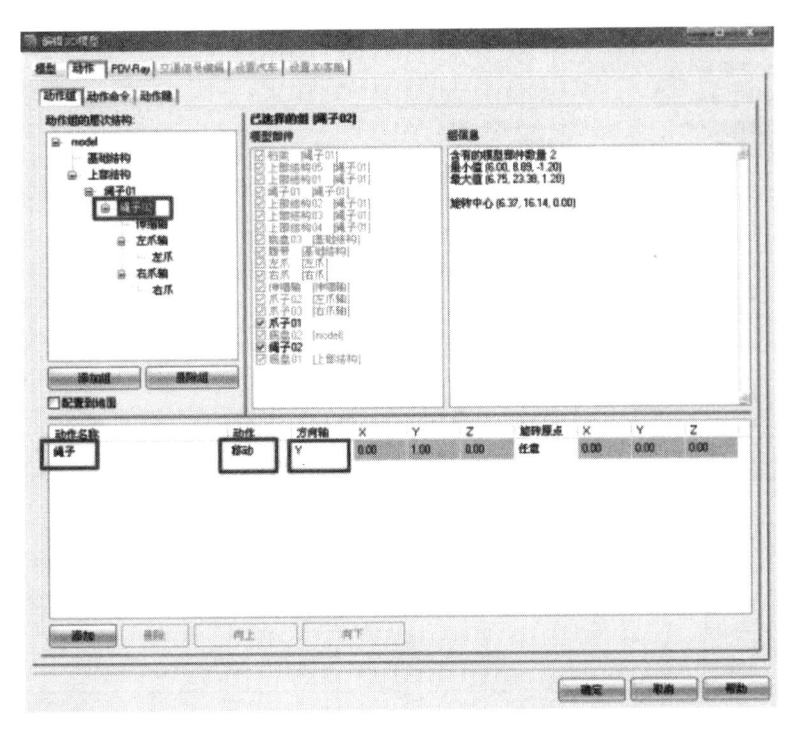

图 6-8

设置动作命令如图 6-9；设置动作键如图 6-10。在设置动作命令的时候，往往需要同时设置动作键来测试我们的工作命令是否正确。如果对动作的先后次序不清晰，可以考虑将动作分解，各自尝试成功后，再整合所有动作。

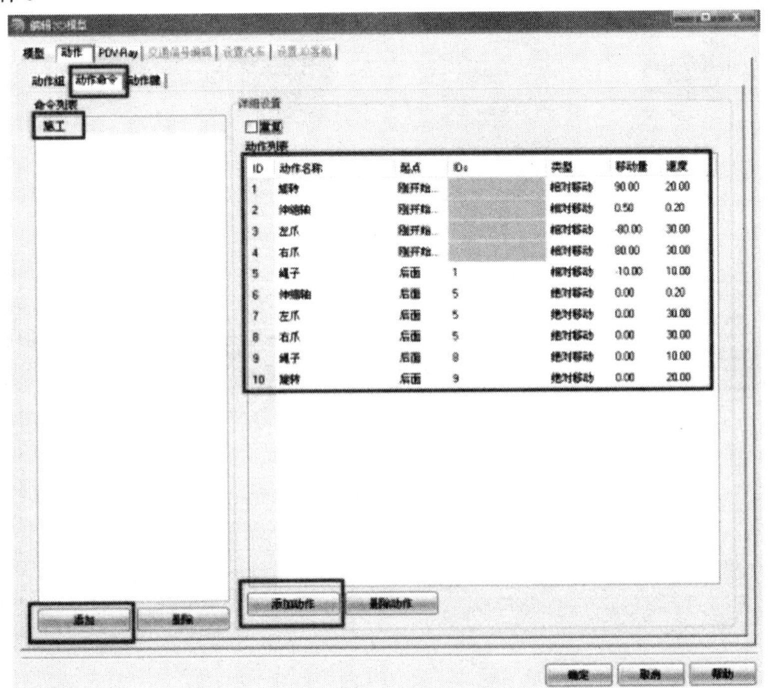

图 6-9

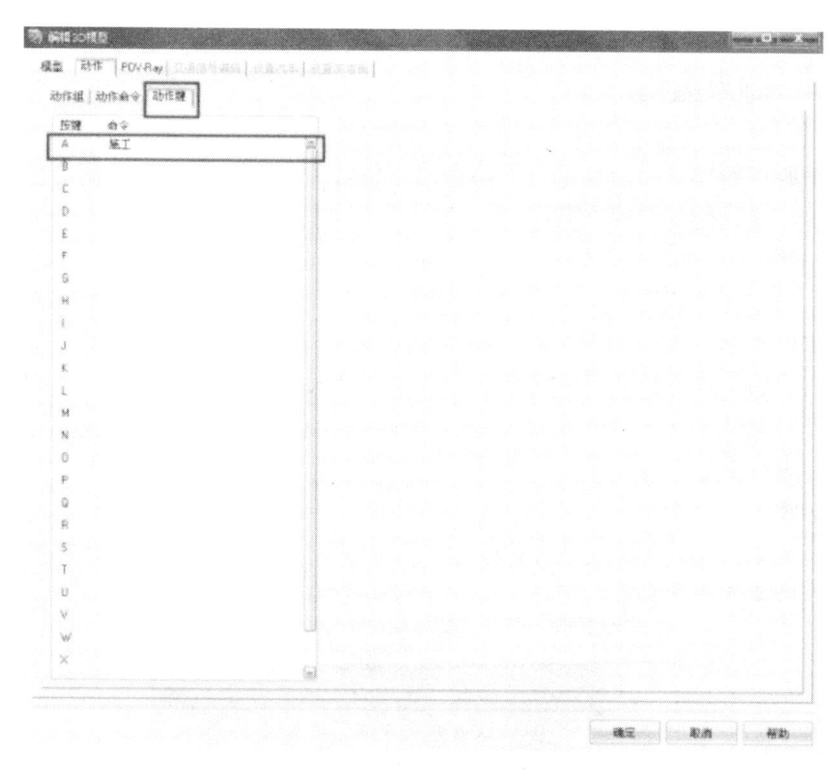

图 6-10

其他的机械设备也是采用同样的方法建模处理。

6.3 场地布置

所有器械模型处理完毕之后，我们根据实际施工现场的大小，进行机械设备的布置。根据地下连续挡土墙的施工方案，采用五组机械设备同时施工，施工方向一致为顺时针方向，如图 6-11 所示。

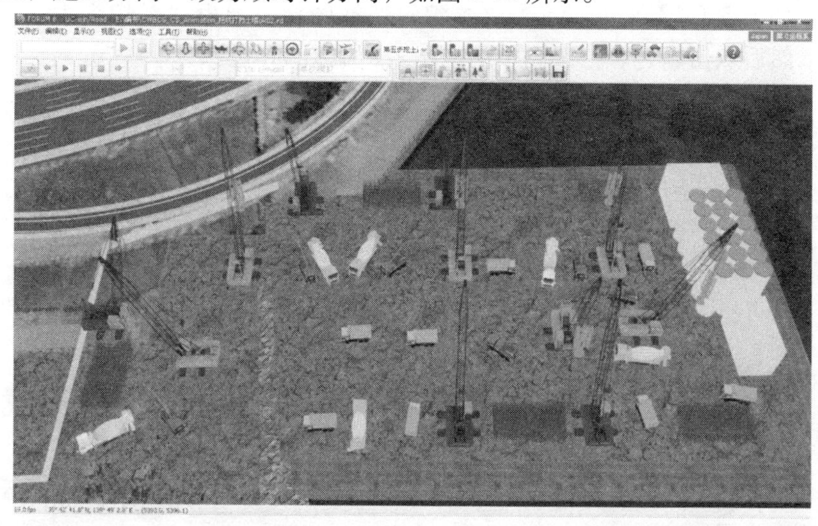

图 6-11

6.4 脚本编辑

脚本编辑是整个模拟施工动作最终整合，难度在于动作之间的协调配合，需要我们花时间去调试。

■ **施工说明**

一块挡土墙的宽度为6m，挖泥的爪子宽度为2m，这样采用跳格施工方法，先挖1/3，然后跳过1/3，再挖，最后中间的1/3。挖泥的时候，旁边有泥头车进行协助将挖出来的泥运走。挡土墙的坑挖好之后，先用大吊车把预先绑扎好的钢筋笼放入坑中，然后有混凝土搅拌车和泵车，靠近坑洞，进行混凝土灌注。

■ **脚本编辑**

首先，我们要设定摄像机动态镜头的移动路线，挑选好的静态镜头位置，接着才开始脚本的编辑。设定飞行路径如图6-12所示。

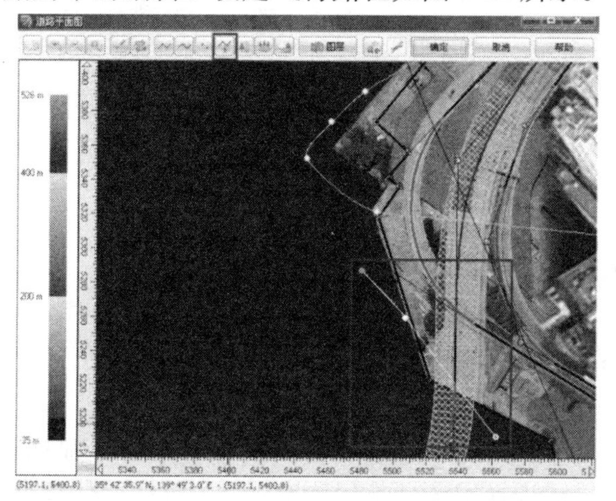

图6-12

如下图6-13所示，点击脚本编辑快捷图标，弹出“登记脚本”对话框。然后点击新建，修改脚本的名称为：施工VR脚本。

图6-13

点击“加入”按钮，加入时间点。在零点时刻，必须加入“显示”的“生成交通”、“环境，人物表示”。脚本编辑关键点在于如何把握画面动作的衔接，可动模型设置好了之后，在脚本里面进行可动配合，当机械挖泥的时候，地面的泥会下沉并出现坑洞。选择“目标”选项对应的动作，基本上都会选择“指令同时实行”，这样做的原因是：设置那么多的命令动作一起执行的时候，它们之间不会产生冲突，各自执行。图 6-14 是编辑好的脚本。

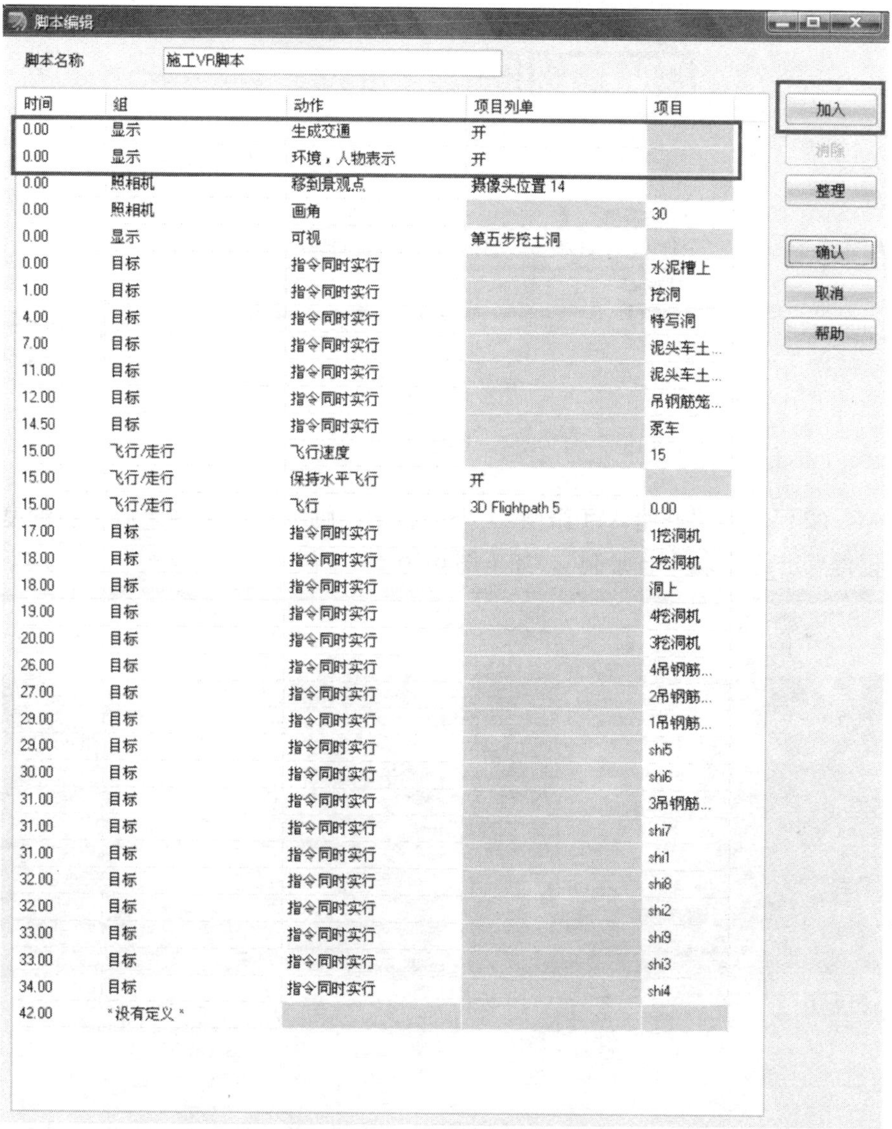

脚本编辑

脚本名称　施工VR脚本

时间	組	动作	项目列单	项目
0.00	显示	生成交通	开	
0.00	显示	环境，人物表示	开	
0.00	照相机	移到景观点	摄像头位置 14	
0.00	照相机	画角		30
0.00	显示	可视	第五步挖土洞	
0.00	目标	指令同时实行		水泥槽上
1.00	目标	指令同时实行		挖洞
4.00	目标	指令同时实行		特写洞
7.00	目标	指令同时实行		泥头车土...
11.00	目标	指令同时实行		泥头车土...
12.00	目标	指令同时实行		吊钢筋笼...
14.50	目标	指令同时实行		泵车
15.00	飞行/走行	飞行速度		15
15.00	飞行/走行	保持水平飞行	开	
15.00	飞行/走行	飞行	3D Flightpath 5	0.00
17.00	目标	指令同时实行		1挖洞机
18.00	目标	指令同时实行		2挖洞机
18.00	目标	指令同时实行		洞上
19.00	目标	指令同时实行		4挖洞机
20.00	目标	指令同时实行		3挖洞机
26.00	目标	指令同时实行		4吊钢筋...
27.00	目标	指令同时实行		2吊钢筋...
29.00	目标	指令同时实行		1吊钢筋...
29.00	目标	指令同时实行		shi5
30.00	目标	指令同时实行		shi6
31.00	目标	指令同时实行		3吊钢筋...
31.00	目标	指令同时实行		shi7
31.00	目标	指令同时实行		shi1
32.00	目标	指令同时实行		shi8
32.00	目标	指令同时实行		shi2
33.00	目标	指令同时实行		shi9
33.00	目标	指令同时实行		shi3
34.00	目标	指令同时实行		shi4
42.00	*没有定义*			

加入　消除　整理　确认　取消　帮助

图 6-14

6.5 AVI 动画输出

脚本编辑完毕之后，我们可以根据实际需要进行 AVI 录制。录制 AVI 需要注意两点：

（1）录制之前，需要设置好 AVI 选项卡，如图 6-15。

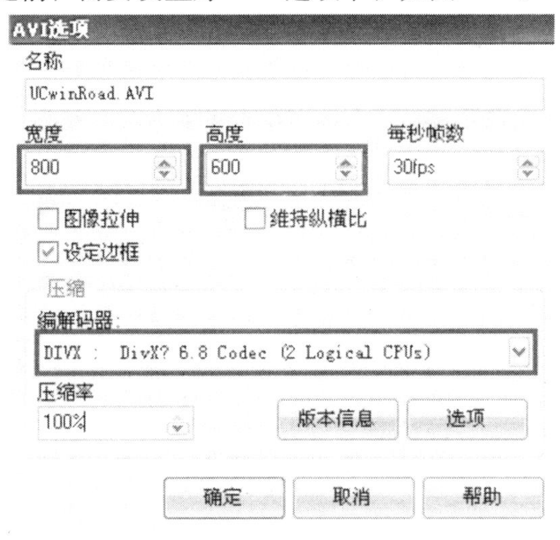

图 6-15

（2）点击“开始 AVI 录像”，运行脚本，脚本运行完毕之后，关键要记得点击“结束 AVI 录制”，如下图 6-16。

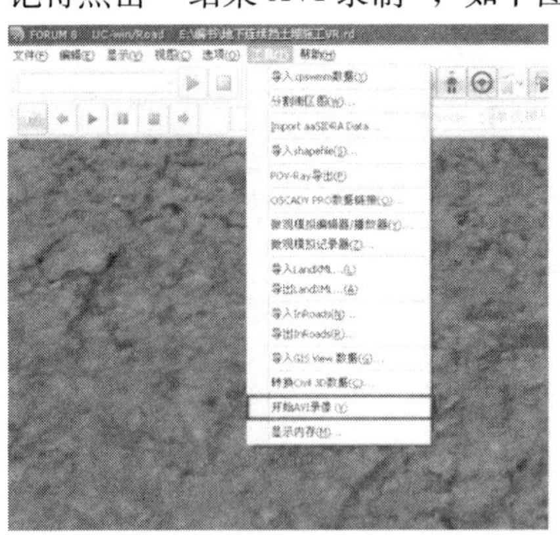

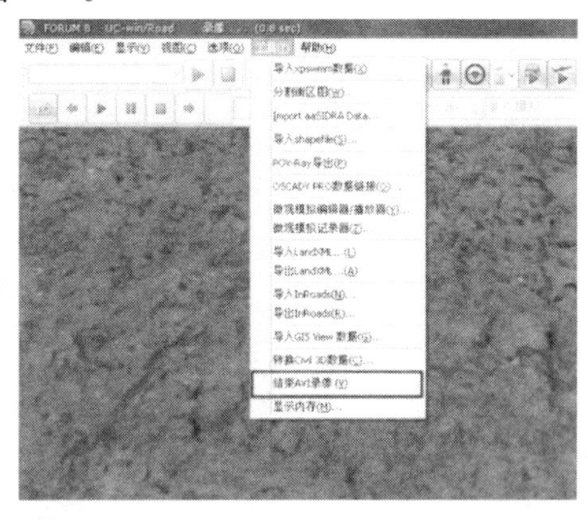

图 6-16

主要参考文献

[1] 庄春华、王普编 . 虚拟现实技术及其应用 . 北京：电子工业出版社，2010.

[2] 深圳市斯维尔科技有限公司编 . 建筑设计软件高级实例教程 . 北京：中国建筑工业出版社 . 2009.

[3] 王连威编 . 城市道路设计 . 北京：人民交通出版社 . 2005.

[4] 株式会社 FORUM8. UC-win/Road Ver. 4 Operation guidance. 2010.

[5] 马智亮、[日] 伊藤裕二、武井千雅子编 . UC-win/Road 实用教程 . 北京：中国建筑工业出版社 . 2010.

[6] 深圳市斯维尔科技有限公司编 . 节能设计与日照分析高级实例教程 . 北京：中国建筑工业出版社 . 2009.

[7] 深圳市斯维尔科技有限公司编 . 设备设计与负荷计算高级实例教程 . 北京：中国建筑工业出版社 . 2009.

[8] 深圳市斯维尔科技有限公司编 . 清单计价高级实例教程 . 北京：中国建筑工业出版社 . 2009.

[9] 深圳市斯维尔科技有限公司编 . 安装算量高级实例教程 . 北京：中国建筑工业出版社 . 2009.

[10] 深圳市斯维尔科技有限公司编 . 项目管理与投标工具箱高级实例教程 . 北京：中国建筑工业出版社 . 2009.